计算机信息技
与大数据安全管理

吕雪　张昊　王喆　著

哈尔滨出版社

HARBIN PUBLISHING HOUSE

图书在版编目（CIP）数据

计算机信息技术与大数据安全管理 / 吕雪, 张昊,
王喆著. — 哈尔滨 : 哈尔滨出版社, 2023.7
ISBN 978-7-5484-7378-7

Ⅰ.①计… Ⅱ.①吕… ②张… ③王… Ⅲ.①电子计
算机—研究②数据管理—安全管理—研究 Ⅳ.①TP3
②TP309.3

中国国家版本馆CIP数据核字(2023)第129563号

书　　名：计算机信息技术与大数据安全管理
JISUANJI XINXI JISHU YU DASHUJU ANQUAN GUANLI

作　　者：吕 雪 张 昊 王 喆 著
责任编辑：杨浥新
封面设计：刘梦杏

出版发行：哈尔滨出版社（Harbin Publishing House）
社　　址：哈尔滨市香坊区泰山路82-9 号　　邮编：150090
经　　销：全国新华书店
印　　刷：廊坊市海涛印刷有限公司
网　　址：www.hrbcbs.com
E-mail：hrbcbs@yeah.net
编辑版权热线：（0451）87900271　87900272

开　　本：787mm × 1092mm　1/16　　印张：11.5　　字数：195千字
版　　次：2023 年 7 月第 1 版
印　　次：2024 年 1 月第 1 次印刷
书　　号：ISBN 978-7-5484-7378-7
定　　价：58.00 元

凡购本社图书发现印装错误，请与本社印制部联系调换。
服务热线：（0451）87900279

前　言

　　随着信息科技的飞速发展，计算机信息技术和大数据安全管理在现代社会中扮演着至关重要的角色。我们已经进入了一个极其依赖电子设备和数字信息的时代，几乎每个行业都离不开信息技术和数据处理。这些技术和管理方法已经深刻地改变了我们的生活和工作方式，并推动着整个社会的发展。计算机信息技术的应用范围十分广泛，包括但不限于网络技术、软件工程、大数据、云计算等领域。它们已经成为了推动社会经济发展和各行各业进步的关键因素。通过智能化和自动化，企业可以更快地反应市场需求和客户需求，并更加高效地进行生产和销售。与此同时，计算机信息技术的应用也使教育、医疗、政府等领域变得更加智能化和高效化。不过这些技术和管理方法的应用同时也带来了一些问题，例如数据安全和隐私保护等问题。对于个人和组织涉及的数据规模和类型不断增长的情况，数据的处理和保护变得尤为重要。在这个信息泛滥的时代，个人数据泄露已经成为了一个广泛存在的问题，企业存储的数据也经常遭受黑客入侵和恶意攻击。

　　面对这些挑战，信息技术和安全领域不断涌现出新技术和方法，包括人工智能、区块链等技术，以及新的安全管理模式和策略等。这些新技术和方法改善了已有的技术和管理缺陷，同时也使信息技术和安全管理领域的进步和发展不断向前。因此，我们需要关注并深入探讨计算机信息技术和大数据安全管理领域，不断探寻这些技术和管理方法的发展方向，加快互联网时代的发展步伐，进一步发掘计算机信息技术和大数据安全管理的潜力，为实现世界信息化的目标不断努力。

　　如今，要保护数据安全已不仅仅是加强保密措施的问题，还涉及到网络安全、数据的存储和分析、隐私保护、风险识别等各个方面。由此可见，数据安全与信息技术的发展、管理方式等息息相关，它在现代社会各个领域都得到了广泛应用。本书旨在探讨计算机信息技术与大数据安全管理的各个方面，既包括技术本身的内涵和应用，也包括相关的管理模式和实践案例。本书将从多个角度出发，涉及计算机网络安全、大数据隐私保护、信息安全管理等多个领域，在对这些方面进行深入分析的同时，也将提供实用的解决方案和操作建议。

目　录

第一章 计算机系统简介

计算机是一种能按照人们事先编写的程序连续、自动地工作，能对输入的数据进行加工、存储、传送，由电子部件和机械部件组成的电子设备。计算机及其应用已渗透到社会的各个领域，有力地推动了整个信息化社会的发展。计算机已成为人们生活中必不可少的现代化工具，从而形成了人类的"第二文化"——"计算机文化"。

第一节 计算机的发展与分类

一、计算机的发展

1946年第一台电子计算机的诞生标志着计算机时代的到来。在以后的60多年里，计算机技术发展异常迅速，在人类科技史上还没有哪一门学科是可以与电子计算机的发展速度相提并论的。纵观计算机技术的发展历程，无论是构成计算机系统的软件还是硬件，每隔一段时间都会出现重大的变革，人们通常将这个变革称为计算机换代，迄今为止计算机的发展已经历了四代。

（一）第一代：电子管计算机（1945～1956年）

在第二次世界大战中，美国政府寻求计算机以开发潜在的战略价值，这促进了计算机的研究与发展。1944年Howard H.Aiken（1900～1973年）研制出全电子计算器，为美国海军绘制弹道图。这台简称为Mark I的机器有半个足球场大，内含500m的电线，使用电磁信号来移动机械部件，速度很慢（3～5s一次计算）并且适应性很差，只能用于专门领域，但是它既可以执行基本算术运算，又可以运算复杂的等式。

1946年2月14日，美国宾夕法尼亚大学研制成功的第一台全自动"电子数字积分计算机ENIAC"（electronic numerical integrator and computer）在费城公诸于世。ENIAC是计算机发展史上的里程碑，它通过不同部分之间的重新接线编程，拥有并行计算能力。ENIAC由美国政府和宾夕法尼亚大学合作开发，使用了18000个电子管，70000个电阻器，有500万个焊接点，耗电160kW，其运算速度比Mark I快1000倍。

20世纪40年代中期，冯·诺依曼（John von Neumann）参加了宾夕法尼亚大学的小组，1945年设计出电子离散可变自动计算机EDVAC（electronic discrete variableautomatic computer），将程序和数据以相同的格式一起储存在存储器中，这使得计算机可以在任意点暂停或继续工作。冯·诺依曼计算机的关键部分是中央处理器，它使计算机所有功能通过单一的资源统一起来。

第一代计算机的特点是操作指令是为特定任务编制的，每种机器有各自不同的机器语言，功能受到限制，速度也慢。其另一个明显特点是使用真空电子管和磁鼓储存数据。

（二）第二代：晶体管计算机（1956～1963年）

1948年，晶体管的发明大大促进了计算机的发展，晶体管代替了体积庞大的电子管，电子设备的体积不断减小。1956年，晶体管在计算机中使用，晶体管和磁芯存储器在计算机中的使用导致了第二代计算机的产生。第二代计算机体积小、速度快、功耗低、性能更稳定。首先使用晶体管技术的是早期的超级计算机，主要用于原子科学的大量数据处理。这些机器价格昂贵，生产数量极少。

1960年，出现了一些成功地用在商业领域、大学和政府部门的第二代计算机。第二代计算机用晶体管代替电子管，还有现代计算机的一些部件：打印机、磁带、磁盘、内存、操作系统等。计算机中存储的程序使得计算机有很好的适应性，可以更有效地用于商业用途。在这一时期出现了更高级的COBOL和FORTRAN等语言，以单词、语句和数学公式代替了含混晦涩的二进制机器码，使计算机编程更容易。新的职业（程序员、分析员和计算机系统专家）和整个软件产业由此诞生。

（三）第三代：集成电路计算机（1964～1971年）

虽然晶体管比起电子管是一个明显的进步，但晶体管还是产生大量的热量，这会损害计算机内部的敏感部分。1958年德州仪器的工程师Jack Kilbv将三种电子元件结合到一块小小的硅片上，发明了集成电路（IC）。科学家使更多的元件集成到单一的半导体芯片上。这项技术成熟时，很快便被引入到计算机领域，从而使计算机变得更小、功耗更低、速度更快。这一时期的发展还包括使用了操作系统，使得计算机在中心程序的控制协调下可以同时运行许多不同的程序。

（四）第四代：大规模集成电路计算机（1971年至今）

集成电路出现后，唯一的发展方向是扩大规模。大规模集成电路LSI可以在一个芯片上容纳几百个元件。到了20世纪80年代超大规模集成电路VLSI在芯片上容纳了几十万个元件，ULSI已能在单个芯片上集成108～109个晶体管。可以在硬币大小的芯片上容纳如此数量的元件使得计算机的体积和价格不断下降，而功能和可靠性不断增强。

20世纪70年代中期，计算机制造商开始将计算机带给普通消费者，这时的小型机带有友好界面的软件包、供非专业人员使用的程序以及最受欢迎的文字处理和电子表格程序。这一领域的先锋有Commodore、Radio Shack和Apple Computers等。

1981年IBM推出个人计算机（PC）用于家庭、办公室和学校。20世纪80年代个人计算机的竞争使得其价格不断下跌，微机的拥有量不断增加。计算机继续缩小体积，以致从桌上到膝上再到掌上。与IBMPC竞争的Apple Macintosh系列于1984年推出，Macintosh提供了友好的图形界面，用户可以用鼠标方便地操作。

随着元件、器件的不断更新，传统计算机已经经历了上述的四代演变。它们都属于以顺序控制和按地址寻索为基础的诺依曼机体制，都以高速数值计算为主要目标，而系统设计原理并没有多大的变化。由于硬件实现的功能过于简单，软件负荷越来越重，造成了所谓的"软件危机"。技术体系上固有的局限性严重地妨碍了计算机性能的继续提高，从而限制传统计算机在21世纪信息社会中的广泛应用。因此，必须在崭新的理论和技术的基础上创造新一代计算机。新一代计算机是把信息采集、存储、处理、通信与人工智能结合在一起的智能计算机系统。它不仅能进行数值计算或处理一般的信息，而且主要面向知识处理，具有形式化推理、联想、学习和解释的能力，能够帮助人们进行判断、决策、开辟未知的领域和获取新的知识。人与计算机之间可以直接通过自然语言（声音、文字）或图像交换信息。新一代计算机系统又称第五代计算机系统，新一代计算机系统是为适应未来社会信息化的要求而提出的，其与前四代计算机有着本质的区别。可以认为，它是计算机发展史上的又一次重大变革，将广泛应用于未来社会生活的各个方面。

我国计算机研究起步较晚，但是发展速度很快。1983年国防科技大学成功研制"银河–Ⅰ"巨型计算机，运行速度达每秒1亿次；1992年国防科技大学计算机研究所又成功研制了"银河–Ⅱ"巨型计算机，使计算机运行速度达到每秒10亿次；后来又成功研制了"银河–Ⅲ"巨型计算机，其运算速度达到了每秒130亿次，系统的综合技术已经达到了国际先进水平，填补了我国通用巨型计算的空白，标志着我国计算机的研制技术已经进入世界先进行列。特别是我国2008年研制的"曙光5000A"巨型计算机，其运算速度已超过每秒200万亿次。

现代计算机的发展表现在两个方面：一是巨型化、微型化、多媒体化、网络化和智能化五种趋向；二是朝着非冯·诺依曼结构模式发展。巨型化是指高速、大存储容量和强功能的超大型计算机。现在运算速度高达每秒数万亿次。我国还在开发每秒1000万亿次运算的超级计算机。微型机可渗透到诸如仪表、家用电器、导弹弹头等中小型机无法进入的领地，所以发展异常迅速。当前微型机的标志是运算器和控制器集成在一起，今后将逐步发展到对存储器、通道处理机、高速运算部件、图形卡、声卡的集成，进一步将系统的软件固化，达到整个微型机系统的集成。

多媒体是指将以数字技术为核心的图像、声音等与计算机通信融为一体的信息环境的总称。多媒体技术的目标是无论在何地，只需要简单的设备就能自由自在地以交互和对话方式收发所需要的信息。其实质就是使人们利用计算机以更接近自然的方式交换信息。

计算机网络是现代通信技术与计算机技术相结合的产物。从单机走向联网，是计算机应用发展的必然结果。计算机网络把国家、地区、单位和个人连成一体，影响到普通人的生活。

智能化是建立在现代化科学基础之上、综合性很强的边缘学科。它是让计算机来模拟人的感觉、行为、思维过程的机理，使它具备视觉、听觉、语言、行为、思维、逻辑推理、学习、证明等能力，形成智能型、超智能型计算机。智能化的研究包括模式识别、物形分析、自然语言的生成和理解、定理的自动证明、自动程序设计、专家系统、学习系统、智能机器人等。其基本方法和基本技术是通过对知识的组织和推理求得问题的解答，所以涉及的内容很广，需要对数学、信息论、控制论、计算机逻辑、神经心理学、生理学、教育学、哲学、法律等多方面知识进行综合。而人工智能的研究更使计算机突破了"计算"这一初级含义，从本质上拓宽了计算机的能力。可以越来越多地代替或超越人类某些方面的脑力劳动。

二、新型的计算机

从第一台电子计算机诞生到现在，各种类型计算机都以存储程序方式进行工作，仍然属于冯·诺依曼型计算机。随着计算机应用领域的开拓更新，冯·诺依曼型的工作方式已不能满足需要，所以提出了制造非冯·诺依曼式计算机的想法。从目前的研究情况来看，未来新型计算机将可能在下列几个方面取得革命性的突破。

（一）生物计算机

20世纪80年代初，人们提出了生物芯片构想，着手研究由蛋白质分子或传导化合物元件组成的生物计算机。其最大的特点是采用了生物芯片，它由生物工程技术产生的蛋白质分子构成。在这种芯片中，信息以波的形式传播，运算速度比当今最新一代计算机快10万倍，而能量消耗仅相当于普通计算机的十分之一，并且拥有巨大的存储能力。由于蛋白质分子能够自我组合，再生新的微型电路，使得生物计算机具有生物体的一些特点，如能发挥生物体本身的调节机能，从而自动修复芯片发生的故障，还能模仿人脑的思考机制。

美国首次公诸于世的生物计算机被用来模拟电子计算机的逻辑运算，解决虚构的七城市间最佳路径问题。

目前，在生物计算机研究领域已经有了新的进展，预计在不久的将来，就能制造出分子元件，即通过在分子水平上的物理化学作用对信息进行检测、处理、传输和存储。另外，在超微技术领域也取得了一些突破，制造出了微型机器人。长远目标是让这种微型机器人成为一部微小的生物计算机，它们不仅小巧玲珑，而且可以像微生物那样自我复制和自我繁殖，可以钻进人体里杀死病毒，修复血管、心脏、肾脏等内部器官的损伤，或者让引起癌变的DNA突变发生逆转，从而使人延年益寿。

（二）光子计算机

光子计算机利用光子取代电子进行数据运算、传输和存储。在光子计算机中，不同波长的光表示不同的数据，可快速完成复杂的计算工作。由于光的速度是30万km/s，是电子的300倍，所以理论上光子计算机运算速度比目前的计算机高出300倍。

与传统的硅芯片计算机相比，光子计算机具有下列优点：超高速的运算速度、强大的并行处理能力、大存储量、非常强的抗干扰能力、与人脑相似的容错性等。据推测，未来光子计算机的运算速度可能比今天的超级计算机快1000～10000倍。1990年，美国贝尔实验室宣布研制出世界上第一台光学计算机。它采用砷化镓光学开关，运算速度达10亿次/秒。尽管这台光学计算机与理论上的光学计算机还有一定距离，但其已显示出强大的生命力。目前光子计算机的许多关键技术，如光存储技术、光存储器、光电子集成电路等都已取得重大突破。预计在未来一二十年内，这种新型计算机可取得突破性进展。

（三）量子计算机

量子计算机是由美国阿贡国家实验室提出来的。它基于量子力学的基本原理，利用质子、电子等亚原子微粒从一个能态到另一个能态转变中，出现类似数学上二进制的特性。第一代至第四代计算机代表了它的过去和现在，从新一代计算机身上则可以展望到计算机的未来。

三、计算机的分类

随着计算机技术的发展和应用的推动，尤其是微处理器的发展，计算机的类型越来越多样化。根据用途及使用范围的不同，计算机可以分为通用机和专用机。专用计算机功能单一、适应性差，但在特定用途下最有效、最经济、最快捷；通用计算机功能齐全、适应性强，但效率、速度和经济性相对于专用计算机来说要低。

从计算机的运算速度等性能指标来看，计算机主要有高性能计算机、微型机、工作站、服务器、嵌入式计算机等。但这种分类标准不是固定不变的，只能针对某一个时期。

（一）高性能计算机

高性能计算机是指目前速度最快，处理能力最强的计算机，其在过去被称为巨型机或大型机。目前，计算机运算速度最快的是日本NEC的Earth Simulator（地球模拟器），它实测运算速度可达到每秒35万亿次浮点运算，峰值运算速度可达到每秒40万亿次浮点运算。高性能计算机数量不多，但有重要和特殊的用途。在军事上，其可用于战略防御系统、大型预警系统、航天测控系统等。在民用方面，其可用于大区域中长期天气预报、大面积物探信息处理系统、大型科学计算和模拟系统等。

中国的"巨型机之父"是2004年国家最高科学技术奖获得者金怡濂院士。他在20世纪90年代初提出了一个我国超大规模巨型计算机研制的全新的跨越式的方案，这一方案把巨型机的峰值运算速度从每秒10亿次提升到每秒3000亿次以上，跨越了两个数量级，闯出了一条中国巨型机赶超世界先进水平的发展道路。

近年来我国巨型机的研发也取得了很大的成绩，推出了"曙光""联想"等代表国内最高水平的巨型机系统，并在国民经济的关键领域得到了应用。

中型计算机规模和性能介于大型计算机和小型计算机之间。小型计算机规模较小，成本较低，易于维护，在速度、存储容量和软件系统的完善方面占有优势。小型计算机的用途很广泛，既可用于科学计算、数据处理，又可用于生产过程中自动控制和数据采集及分析处理。

（二）微型计算机

微型计算机又称个人计算机（PC）。1971年Intel公司的工程师成功地在一个芯片上实现了中央处理器CPU的功能，制成了世界上第一片4位微处理器

Intel4004，组成了世界上第一台4位微型计算机——MCS-4，从此揭开了世界微型计算机大发展的帷幕。随后许多公司如Motorola Zilog等也争相研制微处理器，并先后推出了8位、16位、32位、64位微处理器。每18个月，微处理器的集成速度和处理速度便提高一倍，价格却下降一半。在目前的市场上CPU主要有：Intel的Core、Core2，AMD的Athlon64、Phenom等双核及四核产品。

自IBM公司于1981年采用Intel的微处理器推出IBMPC以来，微型计算机因其小、巧、轻、使用方便、价格便宜等优点在过去20多年中得到迅速的发展，并成为计算机的主流。今天，微型计算机的应用已经遍及社会的各个领域，从工厂的生产控制到政府的办公自动化，从商店的数据处理到家庭的信息管理，几乎无所不在。微型计算机的种类很多，主要分三类：台式机、笔记本电脑和个人数字助理PDA。

（三）工作站

工作站是一种介于微机与小型机之间的高档微机系统。自1980年美国Appolo公司推出世界上第一个工作站DN-100以来，工作站迅速发展，已成为专长处理某类特殊事务的一种独立的计算机类型。工作站通常配有高分辨率的大屏幕显示器和大容量的内、外存储器，具有较强的数据处理能力与高性能的图形功能。

早期的工作站大都采用Motorola公司的芯片，配置UNIX操作系统。现在的许多工作站采用Core2或Pheonm芯片配置Windows XP/Vista或者Linux操作系统。与传统的工作站相比，搭配通用CPU和传统操作系统的工作站价格便宜。有人将这类工作站称为个人工作站，而传统的、具有高图像性能的工作站则称为技术工作站。

（四）服务器

服务器是一种在网络环境中为多个用户提供服务的计算机系统。从硬件上来说，一台普通的微型机也可以充当服务器，关键是它要安装网络操作系统、网络协议和各种服务软件。服务器的管理和服务有文件、数据库、图形、图像以及打印、通信、安全、保密和系统管理、网络管理等。根据提供的服务的不同，服务器可以分为文件服务器、数据库服务器、应用服务器和通信服务器等。

（五）嵌入式计算机

嵌入式计算机是指作为一个信息处理部件，嵌入到应用系统之中的计算机。嵌入式计算机与通用型计算机最大的区别是运行固化的软件，用户很难或不能改变。嵌入式计算机应用最广泛，数量超过微型机，目前广泛应用于各种家用电器之中，如电冰箱、自动洗衣机、数字电视机、数字照相机、手机等。

第二节　计算机的特点与应用

一、计算机的特点

计算机的发展虽然只有短短的几十年，但从没有一种机器像计算机这样具有如此强劲的渗透力，在人类发展中扮演着如此重要的角色。这与它的强大功能是分不开的，与以往的计算工具相比，计算机具有许多特点。

在处理对象上，计算机不仅可以处理数值信息，还可以处理包括数字、文字、符号、图形、图像乃至声音等在内的一切可以用数字加以表示的信息。在计算机内部采用二进制数字进行运算，表示二进制数值的位数越多，精度就越高。因此，可以用增加表示数字的设备和运用计算技巧的方法，使数值计算的精度越来越高。电子计算机的计算精度在理论上不受限制，一般的计算机均能达到15位有效数字，通过技术处理可以达到任何精度要求。

在处理内容上，计算机不仅能处理数值计算，还可以对各种信息做非数值处理，如进行信息检索、图形处理；不仅可以处理加、减、乘、除算术运算，也可以处理是、非逻辑判断，计算机可以根据判断结果，自动决定以后执行的命令。1997年5月在美国纽约举行的"人机大战"国际象棋世界冠军卡斯帕罗夫输给了国际商用机器公司KM的超级计算机"深蓝"。"深蓝"的运算速度不算最快，但具有强大的计算能力，能快速读取所存储的10亿个棋谱，每秒钟能模拟2亿步棋，它的快速分析和判断能力是其取胜的关键。当然，这种能力是通过编制程序，由人赋予计算机的。

在处理方式上，只要人们把处理的对象和处理问题的方法步骤以计算机可以识别和执行的"语言"事先存储到计算机中，计算机就可以完全自动地对这些数据进行处理。计算机在工作中无须人工干预，能自动执行存储在存储器中的程序。人们事先规划好程序后，向计算机发出指令，计算机既可帮助人类去完成那些枯燥乏味的重复性劳动，也可控制以及深入到人类难以胜任的、有毒的、有害的作业场所。

在处理速度上，它运算高速。现在高性能计算机每秒能进行超过数百亿次的加减运算。例如，气象、水情预报要分析大量资料，用手工计算需10多天才能完成，从而失去了预报的意义。现在利用计算机的快速运算能力，1分多钟就能做出一个地区的气象、水情预报。目前一般计算机的处理速度都可以达到每秒数百万次的运算，巨型机可以达到每秒近千亿次的运算。

计算机可以存储大量数据。目前一般微型机都可以存储几十万个、几百万个、几千万个乃至上亿个数据。计算机存储的数据量越大，可以记住的信息量也就越大。大容量的存储器能记忆大量信息，不仅包括各类数据信息，还包括加工这些数据的程序。

多个计算机借助于通信网络互相连接起来，可以超越地理界限，互发电子邮件，进行网上通信，共享远程信息和资源。

计算机具有超强的记忆能力、高速的处理能力、很高的计算精度和可靠的判断能力。人们进行的任何复杂的脑力劳动，如果能够分解成计算机可执行的基本操作，并以计算机可以识别的形式表示出来，存储到计算机中，计算机就可以模仿人的一部分思维活动，代替人的部分脑力劳动，按照人们的意愿自动地工作，所以有人也把计算机称为"电脑"，以强调计算机在功能上和人脑有许多相似之处，如人脑的记忆功能、计算功能、判断功能。

电脑终究不是人脑，它也不可能完全代替人脑，但是说电脑不能模拟人脑的功能也是不对的。尽管电脑在很多方面远远比不上人脑，但它也有超越人脑的许多性能，人脑与电脑在许多方面有着互补作用。

二、计算机的应用

计算机之所以能得到迅速发展，其生命活力源于它的广泛应用。目前，计算机的应用范围几乎涉及人类社会的各个领域：从国民经济各部门到个人家庭生活，从军事部门到民用部门，从科学教育到文化艺术，从生产领域到消费娱乐，无处没有计算机的踪迹。计算机的应用主要归纳为以下六个方面。

（一）工业应用

自动控制是涉及面极广的一门学科。工业、农业、科学技术、国防乃至我们日常生活的各个领域都需要自动控制。在现代化工厂里，计算机普遍用于生产过程的自动控制。

在生产过程中，采用计算机进行自动控制，可以大大提高产品的产量和质量，提高劳动生产率，改善人们的工作条件，节省原材料的消耗，降低生产成本等。用于生产过程自动控制的计算机，一般都是实时控制。它们对计算机的速度要求不高，但可靠性要求很高，否则将生产出不合格的产品，甚至发生重大设备事故或人身事故。

计算机辅助设计/计算机辅助制造（CAD/CAM）是借助计算机进行设计的一项实用技术。采用计算机进行辅助设计，不仅可以大大缩短设计周期，加速产品的更新换代，降低生产成本，节省人力物力，而且对保证产品质量有重要作用。由于计算机有快速的数值计算、较强的数据处理以及模拟的能力，因而在船舶、飞机等设计制造中，CAD/CAM占有越来越高的地位。在超大规模集成电路的设计和生产过程中，其中复杂的多道工序是人工难以解决的。使用已有的计算机辅助设计新的计算机，达到自动化或半自动化程度，从而减轻人的劳动强度并提高设计质量。

现代计算机更加广泛地应用于企业管理。由于计算机强大的存储能力和计算能力，现代化企业充分利用计算机的这种能力对生产要素的大量信息进行加工和处理，进而形成了基于计算机的现代化企业管理的概念。对于生产工艺复杂、产品与原料种类繁多的现代化企业，计算机辅助管理的意义是与企业在激烈的市场竞争中能否生存这个概念紧密相连的。

计算机辅助决策系统是计算机在人类预先建立的模型基础上，根据对所采集的大量数据的科学计算而产生出可以帮助人类进行判断的软件系统。计算机辅助决策系统可以节约人类大量的宝贵时间并可以帮助人类进行"知识存储"。

（二）科学计算

在科学技术及工程设计中所遇到的各种数学问题的计算，统称为科学技术计算。它是计算机应用最早的领域，也是应用得较广泛的领域。例如，数学、化学、原子能、天文学、地球物理学、生物学等基础科学的研究，以及航天飞行、飞机设计、桥梁设计、水力发电、地质探矿等方面的大量计算都要用到计算机。利用计算机进行科学计算，可以节省大量的时间、人力和物力。

（三）商业应用

用计算机对数据及时地加以记录、整理和运算，加工成人们所要求的形式，称为数据处理。数据处理系统具有输入/输出数据量大而计算却很简单的特点。在商业数据处理领域中，计算机广泛应用于财会统计与经营管理中。自助银行是20世纪产生的电子银行的代表，完全由计算机控制的"银行自助营业所"可以为用户提供24小时的不间断服务。电子交易是指通过计算机和网络进行商务活动。电子交易是在Internet的广阔联系与传统信息技术系统的丰富资源相结合的背景下应运而生的一种网上相互关联的动态商务活动，是在Internet上展开的。

（四）教育应用

用计算机的通信功能利用互联网实现的远程教学是当今教育发展的重要技术手段之一。

远程教育可以解决教育资源的短缺和知识交流的问题。对于代价很高的实验教学和现场教学，可以用计算机的模拟能力在屏幕上展现教学环节，既达到教学目的又节约开支。多媒体技术的应用使得计算机与人类的沟通变得亲切许多。多媒体教学就是将原本呆板的文稿配上优美的声音、图像等，使教学效果更加完美。数字图书馆是将传统意义上的图书"数字化"。经过"数学化"的图书存放在计算机中，通过计算机网络为读者服务。

（五）生活领域

应用数字社区是指现代化的居住社区。连接了高速网络的社区为拥有计算机的住户提供互联网服务，真正实现了"足不出户"就可以漫游网络世界的美好现实。信息服务行业是21世纪的新兴产业，遍布世界的信息服务企业为人们提供着住房、旅游、医疗等诸多方面的信息服务。这些服务都是依靠计算机的存储、计算以及信息交换能力来实现的。

（六）人工智能

人工智能是将人脑中进行演绎推理的思维过程、规则和所采取的策略、技巧等变成计算机程序，在计算机中存储一些公理和推理规则，然后让机器去自动探索解题的方法，让计算机具有一定的学习和推理功能，能够自己积累知识，并且独立地按照人类赋予的推理逻辑来解决问题。

总之，计算机的应用已渗透到社会的各个领域，在现在与未来，它对人类的影响将越来越大。但是，我们必须清楚地认识到：计算机本身是人设计制造的，还要靠人来维护，人只有提高计算机的知识水平，才能充分发挥计算机的作用。

第三节　信息技术概述

一、信息技术的基础知识

信息技术的核心是计算机技术和远程通信技术。以往，人们把能源和物质材料看成是人类赖以生存的两大要素。而今，人们越来越认识到组成社会物质文明的要素除了能源和材料外，还有信息。信息技术从生产力变革和智力开发这两个方面推动着社会文明的进步。

信息、数据和媒体三者之间具有不可分割的相互依存的密切关系。信息是现实世界中概念的、物质的、事物的本质属性，是存在方式和运动状态的实质性反映。

任何事物的存在，都伴随着相应的信息的存在。信息反映事物的特征、运动和行为。信息能借助媒体如空气、光波、磁波等传播和扩散。信息是控制系统进行调节活动时，与外界相互作用、相互交换的内容。信息是事物运动的状态和状态变化的方式。信息是事物发出的消息、情报、数据、指令、信号等当中包含的意义。从系统科学角度看，信息是物质系统中事物的存在方式或运动状态，以及对这种方式或状态的直接或间接的表述。通俗地说，信息是人们对客观存在的一切事物的反映，是通过物质载体所发出的消息、情报、指令、数据、信号中所包含的一切可传递和交换的知识内容。信息被认知、记载、识别、求精、证明就形成了知识。人类几千年的文化艺术和科学技术成果都是获取信息、认识信息，进行创新的伟大成果。

今天，人类还在不懈地探索、获取新的信息，并将其转化为知识，激发人类社会的发展，造福人类。如对基因组织的探索和研究就是使用一切新的理论、最先进的方法和技术获取基因信息。基因结构草图绘制的完成是将基因组织信息转化为知识的过程和成果；发射空间站的目的是为了更进一步地获取宇宙空间的未知信息，表现了人类对宇宙知识的渴望、追求和探索。

信息可以转化为知识，这是人类对信息进行处理的结果。信息具有相对性，一部分人具有的知识，对另一部分人而言是信息。一部分人十分感兴趣，孜孜以求的信息，对另一部分人而言可能是毫无兴趣的无用信息。信息是无限的，而我们需要的信息却是有限的。今天在信息的海洋中获取自己需要的信息是一种极为重要的能力。

数据是表达和传播信息的载体或工具。它可以是文字符号，如数字串、文字串、符号串；图形图像，如建筑图、线路图、设计图、几何图形、动画、影视；声音，如讲话声、音乐声、噪声，或其他形式。数据是一个大概念。英文data译为"数据"，但译为"资料"可能更为合适。从实际使用的角度看，数据分为两类：数值数据和非数值数据。数值数据是指具有"量"的概念的数据，可比较大小，它常常带有量词。而非数值数据是指具有"陈述"意义的数据，它常常是对对象的一种"描述"或"表达"。数据在人类世界里是丰富多彩的，但是在计算机世界里却只是"0"和"1"的排列。"数字化"概念的真实意义就在于此。

媒体是一种"中介""载体""连接物"。在计算机科学中，媒体的概念十分重要，主要是指以信息为中心的媒体。根据国际电报电话咨询委员会的定义，与计算机信息处理有关的媒体有五种：

（1）感觉媒体，是为了使人类的听觉、视觉、嗅觉、味觉和触觉器官能直接产生感觉的一类媒体，如声音、文字、图画、气味等。它们是人类使用信息的有效形式。

（2）表示媒体，是为了使计算机能有效地加工、处理、传输感觉媒体而在计算机内部采用的特殊表示形式，如声、文、图、活动图像等的二进制编码表示。

（3）存储媒体，是用于存储表示媒体以便于计算机随时加工处理的物理实体，如磁盘、光盘、半导体存储器等。

（4）表现媒体，是用于把感觉媒体转换成表示媒体，表示媒体转换成感觉媒体的物理设备。前者如计算机的输入设备（键盘、鼠标、扫描仪、话筒等），后者如计算机的输出设备（显示器、打印机、音箱等）。

（5）传输媒体，是用来把表示媒体从一台计算机上传送到另一台计算机上的通信载体，如同轴电缆、光纤、电话线等。

综上所述，与计算机有关的媒体是指信息的物理载体和表示形式。

二、信息技术的内容

信息处理是指通过人或计算机进行数据处理的过程。信息处理是人类最活跃的社会活动，它支配着人类的全部社会活动。

"收集"是指对活动所产生的信息的采集和记录，得到的结果是数据，是粗信息。"加工"是指对收集的数据进行存储、整序、分析、提取、传播的过程，得到的结果是精炼的信息。"决策"是根据加工结果制定活动方案，其结果是行动规划和计划。"活动"是将规划和计划加以实施付诸的行动。活动产生的信息又将驱动下一循环周期的发生。可见，这个循环周而复始，无限进行，但后一循环总是在信息反馈周期前一循环基础上的提升。

信息技术就是能够提高或扩展人类信息能力的方法和手段的总称。这些方法和手段主要是指完成信息产生、获取、检索、识别、变换、处理、控制、分析、显示及利用的技术。一般而言，信息处理存在于收集和加工之中，是指对信息进行收集、存储、整序、加工、传播、利用等一系列活动的总和。从历史发展来看，按所采用的处理技术和工具的不同来划分。信息处理经历了三个阶段：以人工为主要特征的古代信息技术；以电信为主要特征的近代信息技术；以网络为主要特征的现代信息技术。信息技术既是一个由若干单元技术相互联系而构成的整体，又是一个多层次、多侧面的复杂技术体系。信息技术大致可归纳为主体层、应用层、外围层三个相互区别又相互关联的层次。主体层是信息技术的核心部分，包括信息存储技术、信息处理技术、信息传输技术、信息控制技术；应用层是信息技术的证件部分；外围层是信息技术产生和发展的基础。

　　人类在认识世界的过程中，逐步认识到信息、物质材料和能源是构成世界的三大要素。信息交流在人类社会文明发展过程中发挥着重要的作用，计算机作为当今的信息处理工具，在信息获取、存储、处理、交流传播等方面充当着核心的角色。能源、材料、资源是有限的，而信息则几乎是不依赖自然资源的资源。语言是人类最早的信息交流工具，也标志着人类的进化。语言辅之以结绳记事、累石记数、掐指计算等极其简单的技术、方法和工具存储信息，用声音符号交流和传播信息，这足以说明有了人类就有了信息和对信息的利用。但是，在这种落后的条件下，能表示的信息量很少，能涉及的范围很小，能传播的速度很慢。用文字符号记录、存储和传播信息，突破了时空界限，达到了能存储历史信息及能较远距离地传播信息的目的。但是，由于文字负载的载体还只能是竹、帛、石、甲等，信息记录技术简单落后，信息存储量极为有限，传播也十分笨重、困难。造纸术和印刷术的发明改善了信息的存储载体和存储方式，增加了信息的存储量，扩大了信息的交流渠道，使信息革命大大地前进了一大步。但是，信息的传播速度仍然跟不上对信息的需求。电话、电报、广播、电视的出现提供了简便、快速、直接、广泛的信息传播方式，使信息革命进入一个崭新的历史时期。彻底的信息革命是在计算机技术和通信技术的集合之时，信息成为重要的社会资源。为了获取最多的信息，最有效地处理信息，最充分地利用信息，需要坚实的信息理论，先进的信息技术、方法、工具和设施。各国政府都以积极的姿态支持、促进全球性的信息革命。美国早在1979年就发表了《关于美国工业技术新政策》的总统咨文，认为美国经济的有力增长，技术革新是必不可少的。此后日本提出了"技术立国"的口号。我国政府十分重视信息技术的发展，特别是近年来出台了许多鼓励信息技术发展的新政策：加大对信息技术的投资，进行全面信息基础设施建设。1993年美国提出"国家信息基础设施NIT"（National Information Infrastructure），俗称信息高速公路。这实际上是一个交互式多媒体网络，是一个由通信网、计算机、数据库及日用电子产品组成的完备的网络，是一个具有大容量、高速度的电子数据传递系统。此后，发达国家相继仿效，掀起了信息高速公路建设的热潮。作为21世纪社会信息化的基础工程，"信息高速公路"将融合现有的计算机联网服务、电视功能，能传递数据、图像、声音、文字等各种信息，其服务范围包括教育、金融、科研、卫生、商业和娱乐等极其广阔的领域。对全球经济及各国政治和文化都带来了重大而深刻的影响。高速率、多媒体的全球性的信息网络时代正大踏步地向我们走来。

总之，人类历史上曾经经历了四次信息革命。第一次是语言的使用，第二次是文字的使用，第三次是印刷术的发明，第四次是电话、广播、电视的使用。而从20世纪60年代开始，第五次信息革命新产生的信息技术，则是计算机与电子通信技术相结合的技术，从此人类开始迈入信息化社会。

三、信息时代的计算机文化

以前人类思维只是依靠大脑，而现在计算机作为人脑的延伸已成为支持人脑进行逻辑思维的现代化工具。信息技术影响着人类的思维、影响着记忆与交流。信息技术革命将把受制于键盘和显示器的计算机解放出来，使之成为我们能够与之交谈、随身相伴的对象。这些发展将改变我们的学习、工作、娱乐方式。信息技术对人类社会全方位的渗透，使许多领域焕然一新，正在形成一种新的文化形态。

文化是一个模糊的概念。据统计，关于文化有着200多种定义。在中国，比较多的提法为，文化是人类在社会历史发展中所创造的物质财富和精神财富的总和。文化分为广义文化和狭义文化。广义文化是指人类创造的与自然界相区别的一切，既包括物质和意识的活动及其成果，也包括各种社会现象和意识成果。狭义文化把文化只归结为与意识产生直接有关的意识活动和意识成果。从构成来看，文化可分为物质文化和精神文化，或者细分为物质生活、精神文化、政治文化、行为文化等。

文化离不开语言。计算机技术已经创造并且还在继续创造出不同于传统自然语言的计算机语言。这种计算机语言已从简单的应用发展到多种复杂的对话，并逐步发展到能像传统自然语言一样表达和传递信息。可以说，计算机技术引起了语言的重构与再生。

计算机参与人类的创造活动语言是人类思维的外在形式，没有语言就不能进行思维。

语言又可以相对独立于思维，在人们之间进行交流，达到意识交流的目的，可以将人脑中的思维用语言输出，传给他人，也可以传给计算机。任何文化的产生都是人的意识和实践的结果。过去人的思维成果只能物化为语言和文字，这种形式的成果不通过人是不能实现的。计算机具有逻辑思维功能，于是可以使计算机独立进行加工，产生进一步思维活动，最后产生思维成果。

于是也就出现了具有智力的计算机，造就了"深蓝"战胜国际象棋大师卡斯帕罗夫的奇迹。可以认为，计算机思维活动是一种物化思维，是人脑思维的一种延伸，这种延伸克服了人脑思维和自然语言方面的许多局限性，计算机高速、大容量、长时间自动运行等特性大大提高了人类的思维能力。可以说现代人类文化创造活动中，越来越离不开计算机的辅助。计算机是人脑的延伸，是支持人脑进行逻辑思维的强有力的现代化工具。

一个社会的文化模式是以它的记忆为基础的。数据库的诞生，知识和信息的存储在数量与性质上都发生了质的变化，人们获得知识的方式也因此发生了变化。文字的出现曾改变了人类历史的进程和文明的面貌，而数据库的出现，也似乎宣示了类似的变化。视窗的界面和图标的含义都给人们带来了新的文字的丰富内涵。计算机技术的出现，引起了人类社会记忆系统的更新。

计算机技术使语言和知识，以及语言和知识的相互交流发生了根本性变化，因此引起了思维概念和推理的改变。人类文化的创造是人类自觉意识控制的一种创造性实践活动，它起源于人的创造性思维。计算机技术引起了语言的重构和人类记忆系统的更新。

这就是说，在人类谋求生存和发展的过程中，创造方式、方法、过程和结果都发生了根本的变化，不仅精神文明发生了变化，而且物质文明也发生了变化；不仅创造这些精神文明和物质文明的过程发生了变化，而且产生了更有益于人类的成果。也就是说，计算机技术冲击着人类创造的基础、思维和信息交流，冲击着人类社会的各个领域，改变着人的观念和社会结构，这就导致了一种全新的文化模式——计算机文化的出现。

计算机已不是一门单纯的科学技术，它是跨国界进行国际交流，推动全球经济与社会发展的重要手段。虽然计算机也是人脑创造的，但是计算机具有语言、逻辑思维和判断功能，即有着部分人脑的功能，能完成某些人脑才能完成甚至完成不了的任务。这也是计算机文化有别于汽车文化、酒文化或别的什么文化的地方。计算机文化是信息时代的特征文化。它不是属于某一国家、某一民族的一种地域文化，而是一种时域文化，是人类社会发展到一定阶段的时代文化。

信息时代的文化与以往的文化有着不同的主旋律。农业时代文化的主旋律是人与大自然竞争，以谋求生存，农业时代面向过去，依赖过去的经验和习惯，一切处于缓慢变化的节奏之中。工业时代文化的主旋律是人对大自然的开发，改造大自然以谋求发展，工业时代向大自然索取。信息时代文化的主旋律是人对其自身大脑的开发，以谋求智力的突破和智慧的发展，在顺应大自然中寻求更广阔的生存空间。

目前，人类已经进入到一个知识经济的年代。所谓知识经济是指以知识为基础的经济，是指直接围绕和依赖知识进行的社会活动，包括政治的、经济的、军事的、文化的、生活的。而知识的生产、扩散和应用是以信息为资源的。因此，信息的产生和对信息的收集、存储、加工和利用是人类关键性的社会活动。社会信息化的基本特点如下：

（一）人的信息素质大大提高

有强烈的信息意识、丰富的信息知识、高超的信息技术、很强的信息能力，即具有较高的"信息素养"。所谓信息素养，其内涵大致包括：有强烈的"信息需求"意识，有畅通的信息获取渠道，对信息的媒体介质有较为清晰的认识，在寻找信息时能采取一定策略，对获取的信息能进行正确评价、科学整合和合理利用，能生产出自己的信息产品，即创造出新的信息，并能产生一定的经济效益和社会效益。信息、知识、智力日益成为社会发展的决定力量。

（二）信息劳动者、脑力劳动者、知识分子的作用日益增强

"信息业"的从业人数占总从业人数的50%以上，"信息机构"数占总社会机构数的50%以上，即有大量的信息业从业人员和机构，形成一个强大的信息产业。信息技术、信息产业、信息经济日益成为科技、经济、社会发展的主导因素。

（三）社会生产从"粗犷型"转变为"集约型"

即社会生产不再是资金的高投资，材料、能源的高消耗，劳动力的高密集度，而是知识密集型的生产方式，产品的知识含量大幅度提高，生产成本大幅度

降低，也就是要用高科技手段组织和控制生产过程。

（四）获取信息或交流信息的方式方便、简单容易

只要你需要，各种各样的信息就像打开自来水龙头时水不断向外流淌一样向你涌来。

（五）获取信息的费用开支很低

只要支付相当于你收入的5%的费用就可以随意获取任何信息。

（六）获取信息不受时间和地域的限制

可以在机构内，可以在家里，可以在行程中；可以在白天，可以在夜间；可以在本地，可以在异地；可以在本国，可以在外国。信息网络已成为社会发展的基础设施。

第二章　多媒体技术基础

多媒体技术是一种迅速发展的综合性电子信息技术，它给传统的电脑系统、声音和影片设备带来了方向性的变革，将对大众传媒产生深远的影响。多媒体应用将加速电脑进入家庭和社会各个方面，给人们的工作、生活和娱乐带来深刻的革命。

第一节　多媒体的基本概念

多媒体（Multimedia）是多种媒体的综合，一般包括文本、声音和图像等多种媒体形式。

在计算机系统中，多媒体指组合两种或两种以上媒体的一种人机交互式信息交流和传播媒体。使用的媒体包括文字、图片、照片、声音、动画和影片，以及程序所提供的互动功能。

当前，我们还经常会听到一个词——超媒体，超媒体（Hypermedia）是多媒体系统中的一个子集，是使用超链接构成的全球资讯系统。全球资讯系统是互联网上使用TCP/IP协议和UDP/IP协议的应用系统。2D的多媒体网页使用HTML、XML等语言编写，3D的多媒体网页使用VRML等语言编写。目前许多多媒体作品使用网络发行。

目前，多媒体的应用领域已涉足诸如广告、艺术、教育、娱乐、工程、医药、商业及科学研究等行业。

利用多媒体网页，商家可以将广告变成有声有画的互动形式，能够在同一时间内向准买家提供更多商品的消息，但下载时间太长，是采用多媒体制作广告的一大缺点。

利用多媒体进行教学，除了可以增加自学过程的互动性，更能吸引学生主动学习、提升学习兴趣，以及利用视觉、听觉及触觉三方面的反馈来增强学生对知识的吸收。

一、多媒体及多媒体分类

媒体（Media）指的是信息的表现形式，例如，数值、文字、图像、图形、音频、视频等。多媒体（Multimedia）意味着多重媒体，是数值、文字、图像、图形、音频、视频等多种媒体的统称。不同的媒体，其表现形式不同。

（一）感觉媒体（Perception Medium）

感觉媒体指的是能够直接作用于人的器官，使人能够直接产生感觉的一类媒体。例如，作用于听觉器官的声音媒体，作用于视觉器官的图形媒体和图像媒体，作用于嗅觉器官的气味媒体，作用于触觉器官的温度媒体以及同时作用于听觉器官和视觉器官的视频媒体。

（二）表示媒体（Representation Medium）

表示媒体指传输感觉媒介的中介媒体，即用于数据交换的编码。如图像编码（JPEG、MPEG）、文本编码（ASCⅡ、GB2312）和声音编码等，借助此媒体，能有效地存储感觉媒体或传输感觉媒体。

（三）显示媒体（Presentation Medium）

显示媒体指的是感觉媒体和用于通信的电信号之间转换用的一类媒体，包括输入显示媒体和输出显示媒体。其中，输入显示媒体包括键盘、摄像机、话筒、扫描仪、鼠标等，输出显示媒体包括显示器、打印机、绘图仪等。

（四）存储媒体（Storage Medium）

存储媒体用于存储表示媒体的物理介质，如硬盘、软盘、磁盘、光盘、

ROM及RAM等。

（五）传输媒体（Transmission Medium）

传输媒体指传输表示媒体的物理介质，如光缆、电缆和电磁波等。

二、多媒体的关键技术

由于多媒体系统需要将不同的媒体数据表示成统一的结构码流，然后对其进行变换、重组和分析处理，以进行进一步的存储、传送、输出和交互控制，所以，多媒体的传统关键技术主要集中在以下四类中：数据压缩技术、大规模集成电路（VLSI）制造技术、大容量的光盘存储器（CD-ROM）、实时多任务操作系统。因为这些技术取得了突破性的进展，多媒体技术才得以迅速地发展，成为像今天这样具有强大的处理声音、文字、图像等媒体信息的能力的高科技技术。

但说到当前要用于互联网络的多媒体关键技术，有些专家却认为可以按层次分为媒体处理与编码技术、多媒体系统技术、多媒体信息组织与管理技术、多媒体通信网络技术、多媒体人机接口与虚拟现实技术，以及多媒体应用技术这六个方面。而且还应该包括多媒体同步技术、多媒体操作系统技术、多媒体中间件技术、多媒体交换技术、多媒体数据库技术、超媒体技术、基于内容检索技术、多媒体通信中的QoS管理技术、多媒体会议系统技术、多媒体视频点播与交互电视技术、虚拟实景空间技术等，各种技术相辅相成，综合促进多媒体技术的发展。例如，多媒体信息压缩技术的发展会大大促进多媒体网络通信技术的发展，而多媒体信息编码技术在一定程度上又制约着多媒体信息压缩技术的发展。总之，多媒体的各项技术都是为了使得多媒体信息能够更快、更好、更多地进行处理。

三、多媒体的处理对象

多媒体技术的处理对象，常见的有文本、图形、图像、视频、音频、动画等。

（一）文本

文本包括英文字母、阿拉伯数字、汉字、中文标点符号、英文标点符号等。一般由文字编辑软件（例如，记事本、WPS文字处理软件、Microsoft Word应用程序等）生成。需要区别的是：中文标点符号如句号" 。"和英文标点符号的句号是不同的文本。

相对于文本的概念，还有一个"超文本"的概念。超文本（Hypertext）是用超链接的方法，将各种不同空间的文字信息组织在一起的网状文本。超文本更是一种用户界面，用以显示文本及与文本相关的内容。超文本普遍以电子文档方式存在，其中的文字包含有可以链接到其他位置或者文档的链接，允许从当前阅读位置直接切换到超文本链接所指向的位置。超文本的格式有很多，目前最常使用的是超文本标记语言（Hyper Text Markup Language，HTML）及富文本格式（Rich Text Format，RTF）。日常浏览的网页的链接就是一种超文本。

（二）图形和图像

图形和图像是多媒体中的可视化媒体。图形是使用专用软件（如AutoCAD、Microsoft Visio等）生成的矢量图，而图像是采用扫描设备、摄像设备或专用软件（如Photoshop、Windows自带的绘图工具等）生成的影像。

（三）音频

音频指的是频率范围大约在20Hz～20kHz的连续变化的波形。人们的语音以及所能听到的声音都属于音频信息。

（四）视频

视频指的是一系列静态图像在时间维度上的展示或渲染的过程。简单来说，视频就是动态的图像。日常观看的电影就是一种视频媒体。当然，作为电影视频来说，还必须具有相关的音频信息，而如何在时间上协调电影中的视频信息和音频信息，是多媒体同步技术研究的一项重要内容。

（五）动画

动画是指采用专用的动画制作软件（如Adobe Flash CS3、3ds Max等）生成的一系列可供实际播放的连续动态画面。动画技术已经成功应用到各种行业，例如，建筑行业的建筑结构展示、军事行业的飞行模拟训练和机械行业的加工过程模拟。

各种多媒体信息都是在计算机中进行处理的，而计算机只能处理二进制信息，因此，需要进行多媒体信息到二进制信息的转换以及二进制信息到多媒体信息的转换，即多媒体信息的编码和解码。

四、多媒体信息的特点

多媒体信息不同于传统的文本信息和数值信息，其类型多样，编码的过程较为复杂。概括来说，具有以下特点：

（1）数据量大，图形、图像、音频和视频等媒体元素需要很大的存储空间。例如。5分钟标准质量的PAL视频信息需要大约6.6GB的存储空间。面对如此巨大的存储要求，必须对多媒体信息进行压缩处理。

（2）多数据流，某些多媒体信息展示时表现为静态和连续信息的集成。例如，视频播放时就是静态的图像和连续的音频信息的集成。输入时，每一种信息都有一个独立的数据流；播放时，需要对这些数据流加以合成。各种类型的媒体信息可以存储在一起，也可单独进行存储。

（3）连续性。多媒体信息一般包含时间数据，具有连续性的特点。例如，音频、视频和动画都是与时间相关的。

（4）编码方式多样，多媒体信息由于处理的信息类型复杂，导致编码方式多样。例如，文本中的英文字符使用ASCⅡ编码，中文字符使用汉字信息交换码，音频和图像都是基于采样—量化—编码的过程进行编码的。

五、多媒体技术的应用

当今世界，计算机技术已经成为推动社会经济飞速发展的重要基础，它对人类经济、社会及生活各方面产生了巨大影响。多媒体技术的应用已经渗透到生活和工作的各个方面，而且多媒体应用技术也成为新世纪人才必备的技能。

（一）办公自动化

多媒体技术为办公室增加了控制信息的能力和充分表达思想的机会，其许多应用程序都是为提高办公人员的工作效率而设计的，从而产生了许多新型的办公自动化系统。由于采用了先进的数字影像和多媒体计算机技术，把文件扫描仪、图文传真机、文件资料微缩系统和通信网络等现代办公设备综合管理起来，构成

全新的办公自动化系统，成为新的发展方向，

（二）教育与培训

多媒体技术将文本、声音、图形、图像、动画、视频融为一体，传递的信息更丰富形象，更合乎自然的交流环境和方式。教师通过多媒体可以非常形象直观地讲述清楚过去很难描述的课程内容，学生也可以更形象地去了解和掌握学习内容。在一个身临其境的新颖的学习环境中，学生的注意力更为集中，大大提高了学生的求知欲。由多媒体计算机、液晶投影机、数字视频展示台、中央控制系统、投影屏幕和音响等多种现代教学设备组成多媒体教室，在各级各类学校得到了广泛的应用。

（三）电子出版物

电子出版物按照内容可分为电子图书、辞书手册、文档资料、报纸杂志、教育培训简报等。许多作品是多种类型的混合，如电子文献库、电子百科全书、电子词典等得到了蓬勃发展。电子书（E-book）正以其大信息量、阅读检索方便等鲜明特点而受到越来越多的学习者青睐。书籍内容的非线性的安排方式越来越接近于人脑中的知识组织方式，这样可大大缩短使用者对知识的掌握和吸收过程。相信在不久的将来，人们将会主要采用阅览电子书这个新的阅读方式。

（四）多媒体声光艺术品创作

专业的声光艺术作品包括影片剪接、文本编排、音响、画面等特殊效果的制作等。许多本来只有专业人员才能够设计的声光艺术品，现在通过多媒体系统业余爱好者也可以制作出接近专业水准的媒体艺术，专业艺术家也可以通过多媒体系统的帮助增进其作品的品质。如MIDI的数字乐器合成接口可以让设计者利用音乐器材、键盘等合成音响输入，然后进行剪接、编辑，制作出许多特殊效果。美术工作者可以制作卡通和动画的特殊效果，制作省时省力。

（五）多媒体通信

当前计算机网络已在人类社会进步中发挥着重大作用。多媒体通信有着极其广泛的内容，对人类生活、学习和工作将产生深刻影响的当属计算机协同工作

CSCW（Computer Supported Cooperative Work）系统。计算机协同工作是指在计算机支持的环境中，一个群体协同工作以完成一项共同的任务，使不同地域位置的同行能够进行学术研究交流、协同式学习等。常用于视频会议系统，工业产品的协同设计制造，医学远程会诊、手术等。

（六）电视广播

在多媒体、互联网的冲击下，广播和电视正经历着被冷落的过程。这是因为人们已不再仅仅满足于被动地接受所喜欢的各种形式的信息。而是要自己切身地参与到信息的交流处理过程中。现代广播电视要求具有灵活的交互功能，能最大限度地服务于观众。这种向数字技术转变的发展趋势必会引起广播电视技术世界范围内的新一轮技术变革。将来电视台所拥有的丰富的信息资源都以数字化多媒体信息的形式保存在一个巨大的信息库中，用户可以通过计算机网络访问信息库，选择所需要的内容，安排播放的顺序。人们不再满足于被动地接受电视台安排的播放时间，观看电视台安排的节目内容，而在任何时间都可以享用各类视频信息资源。

（七）产品展示

国际会展产业正如火如荼地发展着，会展业的发展必然要吸收新技术，多媒体技术的日趋成熟为新技术融入会展成为可能。在会展中运用多媒体技术，能取得更好的宣传效果，提高会展的效益。多媒体在会展中的运用，包括音频视频设备，多媒体讲解技术，听觉、触觉、视觉多媒体技术和多媒体设计。

（八）家庭视听

多媒体最看得见的应用，就是数字化的音乐和影像进入家庭。由于数字化的多媒体传输储存方便、保真度非常高，在个人计算机用户中广泛受到青睐，而专门的数字视听产品，也大量进入了家庭，如CD、VCD、DVD等设备。作为多媒体计算机的标准配置，声卡和CD-ROM已经成为普通PC机的基本配置。随着技术的不断完善和市场的扩大，价格也渐趋合理，应用前景无限。

第二节　图形和图像处理

从现实世界中通过数字化设备获取的图像，称为取样图像、点阵图像、位图图像，简称图像（image）。计算机合成的图像称为矢量图形，简称图形。

位图（Bit Mapped Image）也叫点阵图，它把图像切割成许许多多的像素，然后用若干二进制位描述每个像素的颜色、亮度和其他属性。这种图像的保存需要记录每一个像素的位置和色彩数据，它可以精确地记录色调丰富的图像，逼真地表现自然界的景象，但文件容量较大，无法制作三维图像，当图像缩放、旋转时会失真。制作位图式图像的软件有Adobe Photoshop等。

矢量图（Vector Based Image）即向量图像，常称为图形，用一系列计算机指令来表示一幅图，如画点、画直线、画曲线、画圆、画矩形等。对应的图形文件，相当于先把图像切割成基本几何图形，然后用很少的数据量分别描述每个图形。因此它的文件所占的容量较小，很容易进行放大、缩小或旋转等操作，并且不会失真，精确度较高，可以制作三维图像。但向量式图像的缺点也很明显：仅限于描述结构简单的图像，不易制作色调丰富或色彩变化太多的图像；计算机显示时由于要计算，相对较慢；且必须使用专用的绘图程序（如Auto CAD等）才可获得这种图形。

一、色彩的模型与处理

色彩是人眼看到的光线呈现方式。光线可以反射、传导、折射或放射。根据科学常识，我们知道，人眼只能够看到电磁波光谱的一部分，也就是可见光。颜色模型旨在描述我们看到的和使用的颜色。每个颜色模型代表一种描述和分类色彩的方法，而所有的颜色模型都使用数值来代表可见的色彩光谱。

色域就是使用特定颜色模型（如RGB或CMYK）所产生的颜色范围。其他颜色模型则包括HSL、HSB、Lab和XYZ等。颜色模型决定了数值之间的关系，而色域则定义这些颜色数值所代表的绝对意义。

有些颜色模型具有固定的色域（如Lab和XYZ），因为它们与人类看见颜色的方式直接有关。这些模型可以用"与装置无关"来形容。其他颜色模型（RGB、HSL、HSB、CMYK等）则可以拥有许多不同的色域。因为这些模型会随着每个相关的色域或装置而有所不同，所以它们又可以用"与装置相关"来形容。

例如，RGB颜色模型有许多RGB色域：Color Match、Adobe RGB、SRGB和Pro Photo RGB。尽管采用了相同的RGB值（R=220、B=230和G=5），但这个色彩在每个色域中看起来可能都不一样。

对颜色进行调节时会经常用到HSB、RGB、CMYK和Lab这四种颜色模型。

（一）RGB模型

大部分的可见光谱都可透过以不同比例和强度混合的红色、绿色和蓝色光来表示，而在颜色重叠的部分，则会建立间色（青色、洋红色、黄色）和白色。

RGB模型也被称为加色模型，可以透过在不同组合中混合光谱的光源建立加色。将所存颜色加起来时会建立白色，也就是说，所有可见的波长都会传回眼睛。加色法颜色可用在照明、视频及屏幕上，以屏幕为例，它的颜色是透过红色、绿色和蓝色的荧光光线而形成的。

（二）HSB模型

HSB（Hue，Saturation and Brightness）色彩模式是根据日常生活中人眼的视觉特征而制定的一套色彩模式，比较接近于人类对色彩辨认的思考方式。HSB色彩模式以色相（H）、饱和（S）和亮度（B）描述颜色的基本特征。

色相指从物体反射或透过物体传播的颜色。在0°～360°的标准色轮上，色相是按位置计量的。在通常的使用中，色相由颜色名称标识，如红（0°或360°）、黄（60°）、绿（120°）、青（180°）、蓝（240°）、洋红（300°）。

饱和度是指颜色的强度或纯度，用色相中灰色成分所占的比例来表示，0%为纯灰色，100%为完全饱和。在标准色轮上，沿着半径方向，从中心位置到边缘位置的饱和度递增。

亮度是指颜色的相对明暗程度，沿着圆柱的高度方向，通常将0%定义为黑色，100%定义为白色。

HSB色彩模式比RGB、CMYK色彩模式更容易理解。但由于设备的限制，在计算机屏幕上显示时，要转换为RGB模式，作为打印输出时，要转换为CMYK模式。

（三）CMYK模型

CMYK模型是依据打印在纸张上的油墨吸光性为准，当白光打到半透明的油墨上时，一部分可见波长会被吸收（减去），其他的则会反射到人们眼睛，因此称为减色法颜色。

理论上来说，纯青色（C）、洋红色（M）和黄色（Y）颜料会互相结合而吸收所存光线，然后产生黑色。由于所有的印刷油墨都会含有一些杂质，所以这三种油墨的结合实际上会产生棕色。因此，在四色印刷中，除了青色、洋红色和黄色油墨之外，还会使用黑色油墨（K）。用K而非B代表黑色（Black），是为了避免与蓝色（Blue）混淆。

（四）Lab模型

Lab模式是根据国际照明协会（Commission International de LEelairage，CIE）在1931年所制定的一种测定颜色的国际标准建立的，于1976年被改进并命名的一种色彩模式。

Lab模式既不依赖光线，也不依赖于颜料，它是CIE组织确定的一个理论上包括了人眼可以看见的所有色彩（因此被称为与装置无关）的色彩模式。Lab模式弥补了RGB和CMYK两种色彩模式的不足。

Lab模式由三个通道组成，但不是R、G、B通道。它的一个通道是亮度，即L，另外两个是色彩通道，用a和b来表示。a通道包括的颜色是从深绿色（低亮度值）到灰色（中亮度值）再到亮粉红色（高亮度值）；b通道则是从亮蓝色（低亮度值）到灰色（中亮度值）再到黄色（高亮度值）。因此，这些色彩混合后将产生明亮的色彩。

Lab模式所定义的色彩最多，与光线及设备无关，并且处理速度与RGB模式同样快，比CMYK模式快很多。在图像编辑中使用Lab模式再转换成CMYK模式时，色彩没有丢失或被替换。因此，最佳避免色彩损失的方法是：应用Lab模式编辑图像，再转换为CMYK模式打印输出。

　　当用户将RGB模式转换成CMYK模式时，一些高级的图像处理软件（如Photoshop）自动将RGB模式转换为Lab模式，再转换为CMYK模式。在表达色彩范围上，处于第一位的是Lab模式，第二位是RGB模式，第三位是CMYK模式。

二、重要的图形、图像文件格式与应用

　　图像格式与应用的场合关系密切，在桌面环境中，本地主机的内部总线传输速率高。可以使用标准位图文件，因为没经过压缩，处理速度较快。而Web应用为了节省传输时间，则必须使用压缩格式。为了说明计算机常用图像格式与Web图像格式的不同，我们可以仔细比较计算机和网络中常用的位图图像格式：

　　BMP（Bit Mapped Picture）：Windows系统中的标准位图映射格式，除图像深度可选以外，不采用其他任何压缩，因此BMP文件所占用的空间很大。BMP文件的图像深度可选1、4、8及24位。BMP文件为大多数Microsoft桌面软件应用。

　　JPEG（Joint Photographic Expert Group）：应用最广的Web图像格式之一，采用有损压缩算法，将不易被人眼察觉的图像色彩删除，从而达到较大的压缩比（2∶1~40∶1）。

　　GIF（Graphie Interchange Format）：常用Web图像格式，彩色分辨率仅为256色，分为静态GIF和动画GIF两种，支持透明背景图像。GIF动画是将多幅图像保存在一个图像文件中，在依次播放过程中形成动画。

　　TIFF（Tag Image File Format）：由Aldus和Microsoft公司为桌面出版系统开发的非常灵活的图像文件格式。例如，TIFF支持黑白二值和灰度图像、256色、24、32、48位真彩色图像，同时支持RGB和YUV（这两种为电子显示设备格式）、CMYK（电子印刷业格式）等多种色彩模式。TIFF文件可以是不压缩的，也可以是压缩的。

　　PSD：图像处理软件Photoshop专用图像格式。PSD文件可以存储成RGB或CMYK模式，还可以保存Photoshop的层、通道、路径等信息。PSD文件体积庞大，在大多桌面软件内部可以通用，但一般浏览器类的软件不支持。

　　PNG（Portable Network Graphies）：目前失真度最小的图像格式，吸取了GIF和JPG二者的优点，存储形式丰富，兼有GIF和JPG的色彩模式；同时能把图像文件压缩到极限以利于网络传输，又能保留所有与图像品质有关的信息，因为PNG

是采用无损压缩方式来减少文件的大小；显示速度很快，只需下载1/64的图像信息就可以显示出低分辨率的预览图像；支持透明图像的制作。透明图像在制作网页图像的时候很有用，若把图像背景设定为透明，用网页本身的颜色信息来代替设为透明的色彩，这样可让图像和网页背景很和谐地融合在一起。但PNG不直接支持类似GIF的多个图像存储，不支持动画效果。

除了位图图像，矢量图在工程和设计领域的应用非常广泛，下面列出了重要的矢量图形文件格式：

SVG（Scalable Vector Graphics，可缩放适量图形），基于可扩展标记语言（标准通用标记语言的子集），用于描述二维矢量图形的一种图形格式。它由万维网联盟制定，是一个开放标准。

EPS（Encapsulated Post Script），是illustratorCS5和PhotoshopCS5之间可交换的文件格式，是目前桌面印刷系统普遍使用的通用交换格式当中的一种综合格式，又被称为带有预视图像的PS格式，它是由一个PostScript语言的文本文件和一个（可选）低分辨率的由PICT或TIFF格式描述的代表像组成。EPS文件就是包括文件头信息的PostScript文件，利用文件头信息可使其他应用程序将此文件嵌入文档。

Wmf（Windows Metafile），简称图元文件，是微软公司定义的一种Windows平台下的图形文件格式。与bmp格式不同，Wmf格式文件是与设备无关的，即它的输出特性不依赖于具体的输出设备，其图像完全由Win32API所拥有的GDI函数来完成。Wmf格式文件所占的磁盘空间比其他任何格式的图形文件都要小得多，显示图元文件的速度要比显示其他格式的图像文件慢，但是它形成图元文件的速度要远大于其他格式。

EMF（Enhanced Metafile），是微软公司为了弥补使用Wmf的不足而开发的一种Windows32位扩展图元文件格式，其目的是使图元文件更加容易接受。

CDR（coreldraw），加拿大的 Corel 公司开发的矢量图形编辑软件，是 CorelDraw 的文件格式。

SWF，Macromedia公司的动画设计软件Flash的专用格式，是一种支持矢量和点阵图形的动画文件格式，被广泛应用于网页设计、动画制作等领域，SWF文件通常也被称为Flash文件。

矢量图像的特点是图形文件的大小与图形的大小无关，却与图形的复杂度相关。一般矢量图比同等尺寸的位图文件要小，可以节省存储和传输的时间，但在显示时需要较多的系统处理资源。矢量图不仅可以用在桌面设计领域，同样可以用在万维网上进行实时信息的描述和表达等。

三、数字图像

从现实世界中获得数字图像的过程称为图像的获取。在日常生活中，人眼所看到的客观世界称为景象或图像，这是模拟形式的图像（即模拟图像），而计算机所处理的图像一般是数字图像，因此，需要将模拟图像转换成数字图像。

（一）图像的数字化

与声音信息数字化一样，图像信息数字化的过程也是取样和量化得到的，只不过图像的采样是在二维空间中进行的。图像信息数字化的采样是指把时间和空间上连续的图像转换成离散点的过程。量化则是图像离散化后，将表示图像色彩浓淡的连续变化值离散成等间隔的整数值（即灰度级），从而实现图像的数字化，量化等级越高图像质量越好。图像获取的过程实质上是模拟信号的数字化过程，它的处理步骤包括取样、分色、量化。

（二）数字图像采集

计算机处理的数字图像主要有图形、静态图像和动态图像（即视频）等三种形式，数字图像主要有以下几种获取途径。

1.从数字化的图像库中获取

随着网络技术的飞速发展，因特网已经成为人们日常生活中必不可少的工具，网络上大量的免费图像在注意版权问题的前提下都可以自由使用。

2.利用计算机图像生成软件制作CorelDRAW、Photoshop和illustrator

利用相关的软件，如静态图像和动态图像等高质量的数字图像。

3.利用图像输入设备采集

从现实世界获得数字图像过程中所使用的设备通称为数字图像获取设备，设备的功能包括将现实的景物输入到计算机内并以取样图像的形式表示。2D图像获取设备（如扫描仪、数码相机等）只能对图片或景物的2D投影进行数字化，3D扫描仪能获取包括深度信息在内的3D景物的信息。

针对感兴趣的图像素材，如印刷品、照片和实物等，可以使用彩色扫描仪对其进行扫描、加工，即可得到数字图像。可以使用数码照相机直接拍摄，再传送到计算机中进行处理，还可以利用键盘上的Print Screen功能键来抓取屏幕上的图像信息，而对于动态图像则可以使用数码摄像机拍摄。

四、图像的表示

描述一幅图像需要使用图像的属性，图像的属性主要有分辨率、像素深度、颜色模型、真伪彩色、文件的大小等。

（1）分辨率

分辨率是影响图像质量的重要因素，可分为屏幕分辨率和图像分辨率两种。

屏幕分辨率：指计算机屏幕上最大的显示区域，以水平和垂直的像素表示。屏幕分辨率和显示模式有关，例如，在VGA显示模式下的分辨率是1024×768，是指满屏显示时水平有1024个像素，垂直有768个像素。

图像分辨率：指数字化图像的尺寸，是该图像横向像素数×纵向像素数，决定了位图图像的显示质量（如一幅320×240的图像，共76800个像素）

（2）像素深度

像素深度是指储每个像素所用的位数，也用它来度量图像的分辨率。像素深度决定彩色图像的每个像素可能有的颜色数，或者确定灰度图像的每个像素可能有的灰度级数。

例如，一幅彩色图像的每个像素用R、G、B三个分量表示，若每个分量用8位，那么一个像素共用24位表示，就说像素的深度为24，每个像素可以是16777216（2的24次方）种颜色中的一种。在这个意义上，往往把像素深度说成是图像深度。表示一个像素的位数越多，它能表达的颜色数目就越多，而它的深度就越深。

（3）颜色模型

颜色是外界光刺激作用于人眼而产生的主观感受。颜色模型（又称为色彩空间）指彩色图像所使用的颜色描述方法。常用颜色模型有RGB（红、绿、蓝）、CMYK（青、红、黄、黑）、HSV（色彩、饱和度、明度）、YUV（亮度、色度）等。

（4）文件的大小

一幅图像的大小与图像分辨率、像素深度有关，可以用以下公式来计算：

图像数据量=图像水平分辨率×图像垂直分辨率×像素深度÷8

例如，一幅图像分辨率为640×480，像素深度为24的真彩色图像，未经压缩的大小为：640×480×24÷8=921600B。可见，位图图像所需的存储空间较大，因此，在多媒体中使用的图像一般都要经过压缩来减少存储量。

五、重要图形图像编辑软件

当前在全世界范围内最常用的三款平面设计软件：

（1）Adobe Photoshop，是由Adobe Systems开发和发行的图像处理软件。Photoshop主要处理以像素所构成的数字图像。从诞生之日起，Photoshop就一直是最著名使用最广泛的专业图片处理软件，平面设计、摄影后期制作、广告公司、页面设计都会使用该软件。Photoshop作为专业的图片处理软件，不仅能修改图片大小、压缩大小、转换格式，常用的PS手法中光是照片美化、抠图就有几十种方法，当前在网上的见到的各种图片和照片基本都是用该软件修改过的。

（2）Adobe illustrator，是一种应用于出版、多媒体和在线图像的工业标准矢量插画的软件。作为一款非常好的矢量图形处理工具，该软件主要应用于印刷出版、海报书籍排版、专业插画、多媒体图像处理和互联网页面的制作等，据不完全统计，全球有37%的设计师在使用Adobe illustrator进行艺术设计。

（3）CorelDRAW Graphics Suite，是Corel公司出品的矢量图形制作工具软件，具有矢量动画、页面设计、网站制作、位图编辑和网页动画等多种功能。软件包含两个绘图应用程序：一个用于矢量图及页面设计，一个用于图像编辑。这种软件组合为用户提供了强大的交互式工具，使用户可创作出多种富于动感的特殊效果及点阵图像即时效果。软件主要应用于简报、彩页、手册、产品包装、标识、网页等。

第三节 数字音频处理技术

声音是多媒体作品中最能触动人们的元素之一，人通过听觉器官收集到的信息占利用各种感觉器官从外界收集到的总信息量的20%左右，充分利用声音的魅力是实现优秀多媒体作品的关键。目前多媒体计算机对声音处理的功能越来越强，并且声音媒体成为多媒体计算机中一种必不可少的信息载体。

一、波形声音的获取与播放

波形声音，是最常用的Windows多媒体内容。波形声音设备可以通过麦克风捕捉声音，并将其转换为数值，然后把它们储存到内存或者磁盘上的波形文件中，波形文件的扩展名是".wav"。

（一）声音信号的数字化

空气中某个物体在外力作用下产生振动，将会引起压力波，这种压力波通过空气等介质传播到人耳中，便产生了声音。声音可以用声波来表示，在空气中，声波以每小时750英里的速度传播，声波有两个基本属性：频率和振幅。频率是指声波在单位时间内变化的次数，以赫兹（Hz）来表示，通常情况下，人们说话的声音频率范围在300Hz ~ 3000Hz之间。振幅描述的是声音的强度，以分贝（dB）来表示，通常我们所说的声音大，其实是声音的强度大。

在自然界中，声音包含声响、语音和音乐等三种形式，在多媒体系统中，声音不论是何种形式都是一种装载信息的媒体，统称为音频。多媒体技术处理的声音信号主要是人耳可听到的20Hz ~ 20kHz的音频信号。由产生音频的方式不同分为波形音频、MIDI音频和CD音频三类。

声音经过输入设备，例如麦克风、录音机或CD激光唱机等设备将声波变换成一种模拟的电压信号，再经过模/数转换（包括采样和量化）把模拟信号转换成计算机可以处理的数字信号，这个过程称为声音的数字化。

1.模拟信号和数字信号

语音信号是最典型的连续信号，它不仅在时间上连续，而且在幅度上也是连续的。在一定时间里，时间"连续"是指声音信号的幅值有无穷多个，在幅度上"连续"是指幅度的数值有无穷多个。把在时间和幅度上都是连续的信号称为模拟信号。

数字信号，指一个数据序列，是把时间和幅度都用离散的数字表示的信号。实际上，数字信号就是来源于模拟信号，是模拟信号的一个小子集，是采样得到的。它的特点是幅值被限制在有限个数值之内，不是连续的而是离散的，即幅值只能取有限个数值。

2.声音信息数字化

把每隔一段特定的时间，从模拟信号中测量一个幅度值的过程，称为取样。取样得到的幅值可能是无穷多个，因此幅值还是连续的。如果把信号幅度取值的数目加以限定，这种信号就称为离散幅度信号。采样之后，对幅值进行限定和近似的过程称为量化。把时间和幅度都用离散的数字来表示，则模拟信号就转化为了数字信号。

声音进入计算机的第一步就是数字化，数字化实际上就是取样、量化和编码。取样和量化过程所用的主要部件是模/数转换器（即模拟信号到数字信号的转换器，Analog To Digital，A/D），如果间隔相等的一小段时间采样一次，称为均匀采样，单位时间内的采样次数称为采样频率；如果幅度的划分是等间隔的，就称为线性量化（Linear Measuring）。

模拟的声音信号转变成数字形式进行处理的好处是显而易见的，声音存储质量得到了加强，数字化的声音信息使计算机能够进行识别、处理和压缩。以数字形式存储的声音重放性能好，复制时没有失真；数字声音的可编辑性强，易于进行效果处理；数字声音能进行数据压缩，传输时抗干扰能力强；数字声音容易与其他媒体相互结合（集成）；数字声音为自动提取"元数据"和实现基于内容的检索创造了条件。

（二）波形声音的获取与播放设备

波形声音的获取与播放设备主要包括麦克风、扬声器和声卡。麦克风的作用是将声波转换为电信号。扬声器的作用是将电信号转换为声波，麦克风和扬声器所用的都是模拟信号，而电脑所能处理的都是数字信号，两者不能混用，声卡的作用就是实现两者的转换。声卡的基本功能是把来自话筒、磁带、光盘的原始声音信号加以转换，输出到耳机、扬声器、扩音机、录音机等声响设备，或通过音乐设备数字接口（MIDI）使乐器发出美妙的声音。

从结构上分，声卡可分为模数转换电路和数模转换电路两部分，模数转换电路负责将麦克风等声音输入设备采集到的模拟声音信号转换为电脑能处理的数字信号；而数模转换电路负责将电脑使用的数字声音信号转换为喇叭等设备能使用的模拟信号。

无论是独立声卡，还是集成声卡，其基本架构和基本工作原理都是相似的，简单地说包括输入和输出两部分：

输出：CD或播放器软件对音源解码后，所得到的数字信号通过总线通道输入声卡，主芯片对数字信号进行处理，最后通过DAC（数模转换器）进行数字信号到模拟信号的转换，再最终通过插座接口输出到耳机或音箱等播放设备成为我们听到的声音。对于声卡的输出功能，还有一种情况，就是数字输出。声卡的主芯片对数字信号进行处理后，通过声卡上的同轴输出接口或光纤输出接口进行输出，此时所输出的信号仍为数字信号。需要额外的解码器对信号进行解码，转换为模拟信号，才能被播放设备进行播放。

输入：麦克风接收外界声音产生模拟信号，模拟信号通过插座接口输入声卡进行模拟信号到数字信号转换ADC（模数转换器），接着交由主芯片进行数字信号处理，再由总线传入系统，同样相对于数字输出，同样也存在将ADC外置，进行数字输入的情况。

二、波形声音的主要参数

波形声音的主要参数包括采样频率、采样位数、声道数目、使用的压缩编码方法以及比特率。比特率也称码率，它指的是每秒钟的数据量。

（一）采样频率

采样频率指每秒钟取得声音样本的次数。声音其实是一种能量波，因此也有频率和振幅的特征，频率对应于时间轴线，振幅对应于电平轴线。波是无限光滑的，弦线可以看成由无数点组成，由于存储空间是相对有限的，数字编码过程中，必须对弦线的点进行采样。

采样的过程就是抽取某点的频率值，很显然，在一秒钟内抽取的点越多，获取频率信息越丰富，为了复原波形，采样频率越高，声音的质量也就越好。声音的还原也就越真实，但同时它占的资源比较多。由于人耳的分辨率很有限，太高的频率并不能分辨出来。22050Hz的采样频率是常用的，44100Hz已是CD音质，超过48000Hz或96000Hz的采样对人耳已经没有意义。这和电影的每秒24帧图片的道理差不多。如果是双声道（stereo），采样就是双份的，文件也差不多要大一倍。

根据奈奎斯特采样理论，为了保证声音不失真，采样频率应该在40kHz左右。这个定理怎么得来，我们不需要知道，只需知道这个定理告诉我们，如果我们要精确地记录一个信号，我们的采样频率必须大于等于音频信号的最大频率的两倍，记住，是最大频率。

在数字音频领域，常用的采样率有：

8000Hz——电话所用采样率，对于人的说话已经足够；

11025Hz——电话音质，基本上能让你分辨出通话人的声音；

22050Hz——无线电广播所用采样率；

32000Hz——miniDV数码视频camcorder、DAT（LP mode）所用采样率；

44100Hz——音频CD，也常用于MPEG-1音频（VCD，SVCD，MP3）所用采样率；

47250Hz——商用PCM录音机所用采样率；

48000Hz——数字电视、DVD、DAT、电影和专业音频所用的数字声音采样率；

50000Hz——商用数字录音机所用采样率；

96000Hz或者192000Hz——DVD-Audio、一些LPCMDVD音轨、BD-ROM（蓝光盘）音轨和HD-DVD（高清晰度DVD）音轨所用采样率；

（二）采样位数

采样位数也叫采样大小或量化位数。它是用来衡量声音波动变化的一个参数，也就是声卡的分辨率或可以理解为声卡处理声音的解析度。它的数值越大，分辨率也就越高，录制和回放的声音就越真实。而声卡的位是指声卡在采集和播放声音文件时所使用数字声音信号的二进制位数，声卡的位客观地反映了数字声音信号对输入声音信号描述的准确程度。常见的声卡主要有8位和16位两种，如今市面上所有的主流产品都是16位及以上的声卡。

每个采样数据记录的是振幅，采样精度取决于采样位数的大小：

1字节（8比特）只能记录256个数，也就是只能将振幅划分成256个等级；

2字节（16比特）可以细到65536个数，这已是CD标准了；

4字节（32比特）能把振幅细分到4294967296个等级，远远超过需要。

（三）通道数

通道数即声音的通道的数目。常见的单声道和立体声（双声道），现在发展到了四声环绕（四声道）和5.1声道。

单声道：单声道是比较原始的声音复制形式，早期的声卡采用得比较普遍。单声道的声音只能使用一个扬声器发声，有的也处理成两个扬声器输出同一个声道的声音，当通过两个扬声器回放单声道信息的时候，我们可以明显感觉到声音是从两个音箱中间传递到我们耳朵里的，无法判断声源的具体位置。

立体声：双声道就是有两个声音通道，其原理是人们听到声音时可以根据左耳和右耳对声音相位差来判断声源的具体位置。声音在录制过程中被分配到两个独立的声道，从而达到很好的声音定位效果。这种技术在音乐欣赏中显得尤为有用，听众可以清晰地分辨出各种乐器来自的方向，从而使音乐更富想象力，更加接近于临场感受。

双声目前最常见用途有两个，在卡拉OK中，一个是奏乐，一个是歌手的声音；在VCD中，一个是普通话配音，一个是粤语配音。

四声环绕：四声道环绕规定了前左、前右、后左、后右四个发声点，听众则被包围在这中间。同时还建议增加一个低音音箱，以加强对低频信号的回放处理（这也就是如今4.1声道音箱系统广泛流行的原因）。就整体效果而言，四声道系统可以为听众带来来自多个不同方向的声音环绕，可以获得身临各种不同环境的听觉感受，给用户以全新的体验。如今四声道技术已经广泛融入各类中高档声卡的设计中，成为未来发展的主流趋势。

5.1声道：5.1声道已广泛运用于各类传统影院和家庭影院中，一些比较知名的声音录制压缩格式，譬如杜比AC-3（Dolby Digital）、DTS等都是以5.1声音系统为技术蓝本的，其中".1"声道，则是一个专门设计的超低音声道，这一声道可以产生频响范围20～120Hz的超低音。其实5.1声音系统来源于4.1环绕，不同之处在于它增加了一个中配置单元。这个中配置单元负责传送低于80Hz的声音信号，在欣赏影片时有利于加强人声。把对话集中在整个声场的中部，以增加整体效果。目前很多在线音乐播放器，比如说QQ音乐，已经提供5.1声道音乐试听和下载。

（四）比特率

比特率也叫码率，指音乐每秒播放的数据量，用bps表示，b就是比特（bit），s就是秒（second），p就是每（per）。也就是说128bps的4分钟的歌曲的文件大小是这样计算的（128/8）×4×60=3840KB=3.8MB，一般MP3在128比特率左右为宜。一首歌大概3–4MB的大小。

在计算机应用中，能够达到最高保真水平的就是PCM（脉冲编码调制，Pulse-code modulation），被广泛用于素材保存及音乐欣赏，CD、DVD以及我们常见的WAV文件中均有应用。因此，PCM约定俗成了无损编码，因为PCM代表了数字音频中最佳的保真水准，但并不意味着PCM就能够确保信号绝对保真，PCM也只能做到最大限度的无限接近。

PCM音频流的码率=采样率值×采样大小值×声道数。一个采样率为44.1kHz，采样大小为16bit，双声道的PCM编码的WAV文件，它的数据速率为44.1K×16×2=1411.2Kbps。我们常见的Audio CD就采用了PCM编码，一张光盘的容量只能容纳72分钟的音乐信息。

双声道的PCM编码的音频信号，1秒钟需要176.4KB的空间。1分钟则约为10.34M，这对当前很多通过网络听音乐的用户来说是不能接受的，为了降低带宽的占用，只有2种方法，降低采样指标或者压缩。降低采样指标会影响体验，所以是不可取的，因此专家们研发了各种压缩方案。最原始的有DPCM、ADPCM，其中最出名的为MP3。所以，采用了数据压缩以后的码率远小于原始码。

三、数字音频技术

音频处理的方法主要包括：音频降噪、自动增益控制、回声抑制、静音检测和生成舒适噪声，主要的应用场景是音视频通话领域。而数字音频的主要应用包括下面三个方面：

（一）声音采集及回放技术

无论是语音还是音乐，在运行计算机录音程序并通过声卡录制后，可以扩展名为wav的文件放到磁盘上。再运行相应的程序，以便对它们进行数字化音频处理，也可将它们通过声卡回放。这些文件的大小取决于录制它们时所选取的参数。

（二）声音识别技术

声音识别技术的主要研究和应用是语音识别。计算机技术正在朝着微型化的方向飞速发展，原有的输入设备将被新的输入方式代替，语言输入将逐渐成为一种趋势。语言操作系统出现后，用语言命令代替键盘和图标命令成为非常自然的事情。

人类使用的文字大致可分为两类：拼音文字和象形文字。拼音文字在学习、拼写、阅读、自动化控制（如计算机）等方面存在着绝对的优势。现代计算机技术发展中，拼音文字起着关键性的作用。汉字作为一种象形文字，伴随着计算机技术的发展，其发音方式在计算机的语音识别中却有着突出的优点。同英语相比，汉语语音有着明显的音节，这就使汉语在计算机语音命令处理中有可能成为优秀的操作语言。目前，汉语语音识别的听写系统的平均最高识别率可达95%以上，而汉字录入速度可达150汉字/分钟，与正常的说话速度相当。

（三）声音合成技术

声音合成技术主要用于语音合成和音乐合成（如MIDI音乐）。语音合成技术的作用刚好与语音识别作用相反。语音识别是将语音转换成为文本（文字）或代码，而语音合成则是将文本（文字）或代码转换成相应的发音，语音识别可以在某人讲演的同时自动形成讲话记录稿。而语音合成将在人们输入讲稿时，实时地播出演讲发音。

MIDI音乐应属于合成音乐，它的工作原理是：在计算机系统和应用软件中固化了各种乐器不同情况下的发声波形采样数据，并且每组数据都对应有一定的代码。这称为"波表"（Wave Table，WT）。当使用MIDI音乐编辑软件作曲时，便形成了MIDI音乐文件（扩展名为.mid），该文件实际上是上述代码组成的序列。播放该文件，计算机将根据其中代码取出各种波形数据合成为音乐。

四、常见的声音文件格式

目前声音文件格式分为有损压缩和无损压缩两种。使用不同的格式的音乐文件，在音质的表现上有着很大的差异，有损压缩顾名思义就是降低音频采样频率与比特率，输出的音频文件会比原文件小。另一种音频压缩被称为无损压缩，能够在100%保存原文件的所有数据的前提下，将音频文件的体积压缩得更小，而将压缩后的音频文件还原后，能够实现与源文件相同的大小，相同的码率。

（一）WAVE

WAVE是微软和IBM共同开发的计算机标准声音格式，来源于对声音模拟波形的采样，用不同的采样频率对声音的模拟波形进行采样可以得到一系列离散的采样点。以不同的量化位数（8位或16位）把这些采样点的值转换成二进制数，并保存成波形文件。优点是易于生成和编辑，但缺点也很明显，在保证一定音质的前提下压缩比不够，不适合在网络上播放。

（二）MP3

MP3音频编码具有10∶1～12∶1的高压缩率，同时基本保持低音频部分不失真，但是牺牲了声音文件中12kHz到16kHz高音频这部分的质量来换取文件的尺寸。相同长度的音乐文件，用MP3格式来储存，一般只有wav文件的1/10，因而音质要次于CD格式或WAV格式的声音文件。

（三）Real Audio

Real Audio常见于网络应用，强大的压缩量和极小的失真使其在众多格式中脱颖而出。与MP3相同，它也是为了解决因特网网络传输带宽不稳定而设计的，因此主要目标是压缩比和容错性，其次才是音质。RA可以随网络带宽的不同而改变声音质量，以使用户在得到流畅声音的前提下，尽可能高地提高声音质量。由于RA格式的这些特点，使其特别适合在网络传输速度较低的互联网上使用，互联网上许多的网络电台、音乐网站的歌曲试听都在使用这种音频格式。

（四）CD Audio

唱片采用的格式。记录的是波形流，44.1K的采样频率，16位量化位数，因为CD音轨可以说是近似无损的，因此它的声音基本上是忠于原声的。优点是音色纯正、高保真。但缺点是无法直接编辑，文件太大。

（五）MIDI

MIDI是Musical Instrument Digital Interface（乐器数字接口）的缩写。它是由世界上主要电子乐器制造厂商建立起来的一个通信标准，以规定计算机音乐程序电子合成器与其他电子设备之间交换信息和控制信号的方法。MIDI文件中包含音符定时和多达16个通道的乐器定义。每个音符包括关键通道号持续时间音量和力度等信息。所以，MIDI文件记录的不是乐曲本身，而是一些描述乐曲演奏过程中的指令。

（六）WMA

WMA是微软公司推出的与MP3格式齐名的一种新的音频格式，音质要强于MP3格式，更远胜于RA格式，即使在较低的采样频率下也能产生较好的音质。它是以减少数据流量但保持音质的方法来达到比MP3压缩率更高的目的，WMA的压缩率一般都可以达到1：18左右，WMA的另一个优点是内容提供商可以通过DRM（Digital Rights Management）方案加入防拷贝保护。

（七）APE

APE是目前流行的数字音乐文件格式之一。APE是一种无损压缩音频技术，也就是说当你将从音频CD上读取的音频数据文件压缩成APE格式后，你还可以再将APE格式的文件还原，而还原后的音频文件与压缩前的一模一样，没有任何损失。APE的文件大小大概为CD的一半，随着宽带的普及，APE格式受到了许多人的喜爱，特别是对于希望通过网络传输音频CD的朋友来说，APE可以帮助他们节约大量的资源。

（八）FLAC

无损压缩，也就是说音频以FLAC编码压缩后不会丢失任何信息，将FLAC文件还原为WAV文件后，与压编前的WAV文件内容相同。这种压缩与ZIP的方式类似，但FLAC的压缩比率大于ZIP和RAR，因为FLAC是专门针对PCM音频的特点设计的压缩方式。而且可以使用播放器直接播放FLAC压缩的文件，就像通常播放的MP3文件一样。FLAC文件的体积同样约等于普通音频CD的一半，并且可以自由地互相转换，所以它也是音乐光盘存储在电脑上的最好选择之一。

（九）AAC

高级音频编码，是由Fraunhofer ⅡS（弗劳恩霍夫应用研究促进协会的集成电路研究所）、杜比实验室和AT&T共同开发的一种音频格式，是作为MP3的后继者被设计出来的。AAC的音频算法在压缩能力上远远超过了以前的一些压缩算法。它还同时支持多达48个音轨、15个低频音轨、更多种采样率和比特率，多种语言的兼容能力、更高的解码效率。总之，AAC可以在比MP3文件缩小30%的前提下提供更好的音质。

第四节 数字视频处理技术

视频（Video）泛指将一系列静态影像以电信号的方式加以捕捉、记录、处理、储存、传送与重现的各种技术。连续的图像变化每秒超过24帧（frame）画面以上时，根据视觉暂留原理，人眼无法辨别单幅的静态画面，看上去是平滑连续的视觉效果，这样连续的画面叫作视频。例如：电影、电视、影碟等都是视频信号。

我们通常有两种不同的视频采集格式：隔行扫描方式和逐行扫描方式。逐行扫描就是成像时一行行扫描形成一帧视频，显示的时候将一帧视频显示在屏幕上，隔行视频是成像时先扫描偶数行，形成一场叫偶场，然后再扫描奇数行，形成奇场图像。这样将一帧图像分成了2场：偶场和奇场，这两场在空间上和时间上都是不一样的。显示的时候，也应该先在显示器的偶行位置显示偶场图像，再在奇行位置显示奇场图像。

假设一个720×576分辨率帧频是25Hz的视频，如果是逐行扫描，则数据量为720×576×25像素/秒。如果我们采用隔行扫描，则数据量为720×288×50像素/秒，隔行扫描是场频为50Hz。显然数据量是相同的，但是，隔行扫描带来的好处是图像的刷新频率是50Hz了，这样大大降低了早期显像管显示器的显示视觉效果，视频闪烁感会大大降低。

我们现在大量使用的LCD显示器均是逐行扫描的显示器，对于隔行视频，要把奇偶两场合并到一起形成一帧一次性显示出来，我们前面讨论过偶场和奇场在空间上和时间上都是不一样的，因此，这种简单的合并，如果图像是静止的，不会有问题；但是如果说图像内容是运动的，就会出现毛刺样的锯齿问题，图像质量严重恶化，这时就需要一个去噪算法来解决这种错行有损。

帧频率又称为帧速，即每秒钟播放的帧的数根据帧频率的不同，视频制式有30帧/秒（NTSC）、25帧/秒（PAL）两种。中国和欧洲使用的电视系统制式是PAL制式，美国和日本使用的电视系统制式是NTSC制式。

一、视频信号的数字化

同音频一样，视频也可以分为模拟视频和数字视频两种。模拟视频是指在时间和空间上都是连续的信号。如标准广播电视信号；数字视频是指在一段时间内，以一定的速率对模拟视频进行捕获，并加以采样、量化等处理后所得到的媒体数据。模拟视频具有成本低和还原度好等优点，但经过长时间的存放或经过多次复制之后，图像的质量有明显的损失。

数字视频与模拟视频相比，复制和传输时不会造成质量下降，容易对其进行创造性的非线性编辑，有利于传输（抗干扰能力强，易于加密），可节省频率资源。

早期的计算机视频处理系统使用专门的硬件技术。如视频捕获卡（也叫视频转换卡），将模拟视频信号连续地转换成计算机可存储的数字视频信号，并保存在计算机中或在显示器上显示。早期，相当部分的磁带摄像机都支持普通PC通过USB接口直接输入模拟电视信号。新一代的数码产品直接将视频信号以数字化格式保存在存储介质上，可以直接进行编辑和后期制作。

视频文件的获取途径可以是摄像机、数码摄像机、手机、数码相机等，视频信息获取的基本步骤包括：

（1）使用摄像机录制课程过程。可以使用磁带摄像机或硬盘、闪存摄像机。

（2）将摄像机内容转入到计算机。使用磁带摄像机需要在摄制完成后，连接计算机，并用专门的软件，将录制内容进行模拟制式到数字制式的转换和压缩。使用硬盘或者闪存的摄像机则无需此过程，此类摄像机可将影像使用数字格式记录，并可以直接转存到计算机上。

（3）利用视频编辑软件对录像内容进行编辑。一般视频资料发布时需要进行剪辑、添加字幕、背景音乐等。

（4）将视频文件进行适当的转换。为满足用户的不同要求，有时需要把已经编辑完成的视频文件进行不同的视频格式转换，如将MPEG格式的视频转换成RM格式的。

（5）配置必要的客户端和服务器软件，方便视频资料的发布。由于流媒体的播放器对文件制式有限制，所以不同的流媒体文件需要配置不同的客户端播放。

二、数字视频的主要参数

（一）帧率（Frames Per Second，FPS）

视频本质上由一张张连续的静态图像构成，由于人眼视觉残留的原因，让人觉得这一系列的图像就像是在动一样。这里的每一张图像，我们称之为一帧。一个视频，每一秒由多少图像构成，称为这个视频的帧率，也可以理解为图形处理器每秒钟能够刷新几次。越高的帧速率越能得到更流畅、更逼真的动画。每秒钟帧数（FPS）越多，所显示的动作就会越流畅。

（二）分辨率

图像是由像素构成的，一张图像，有多少个像素，称之为这个图像的分辨率。比如说1920×1080的图像，说明它是由横纵1920×1080个像素点构成。视频的分辨率就是每一帧图像的分辨率。

（三）码率

码率的定义则是视频文件体积除以时间。单位一般是 Kbps（kbit/s）或者 Mbps（Mbit/s）。所以一个 24 分钟、900MB 的视频，体积：900MB=900MByte= 7200Mbit，时间：24min=1440s，码率：7200/1440=5000kbps=5Mbps。当视频文件的时间基本相同的时候，码率和体积基本上是等价的，都是用来描述视频大小的参数。长度和分辨率都相同的文件，体积不同，实际上就是码率不同。码率也可以解读为单位时间内用来记录视频的数据总量。码率越高的视频，意味着用来记录视频的数据量越多，潜在的含义就是视频可以拥有更好的质量。

三、流媒体技术简介

随着网络宽带化的发展趋势，人们不再满足于因特网中仅有文本、图像等简单信息，越来越希望看到更直观、更丰富的影视节目，流媒体技术由此应运而生。

在网络上，传输多媒体信息的方式有下载和流式传输两种。如果将文件传输看作一次接水的过程，下载传输方式就像是对用户做了一个规定，必须等到一桶水接满后才能使用，这个等待的时间自然要受到水流量大小和桶的大小的影响。流式传输方式则是打开水龙头，等待一小会儿，水就会源源不断地流出来，不管水流量的大小，也不管桶的大小，用户都可以随时用上水。从这个意义上看，流媒体这个词是非常形象的。

流媒体技术使网络用户不必等待漫长的下载时间，就可以实现在网络上收看、收听影音文件，这一模式与传统的广播、电视播放极为相似，这一技术的广泛推广意味着网络媒体对传统广电媒体的冲击真正开始了。

客户端请求放在服务器上的压缩音频和视频文件，改成客户端常常把压缩音频和视频文件放到服务器上，也可以是专门用来为音视频流提供服务的服务器。

用户通常通过Web客户（浏览器）提出音频和视频流请求。但是由于音频和视频播放现在并没有集成到客户端中，需要一个辅助应用程序来播放文件，这种辅助应用程序通常叫作视频播放器。

视频播放器具有以下功能：

（1）解压。为节约存储空间和网络带宽，音频和视频通常都是压缩的。媒体播放器必须在播放时解压。

（2）消除抖动。分组的抖动是数据流中分组从源到目的的延迟的差异。由于音频和视频必须同步播放，接收者必须对接收的分组做短期的缓存来消除抖动。

（3）纠错。由于不可预知因特网拥塞，分组数据流中的一段可能丢失。如果此片段非常大，用户就无法接受音频和视频的质量了。许多流式系统尝试恢复丢失的数据，或者通过冗余分组的传送重建丢失的分组，或者直接要求重发这些分组，又或者从收到的数据推断并插入丢失的数据。

（4）带控制部件的图形用户界面，这是用户可操作的部分，包括音量控制、暂停/继续按钮、时间跳跃滑动条等。

视频播放器的用户界面可以以插件的形式嵌入到Web浏览器的窗口中。浏览器已经为此类嵌入预留了空间，而对空间的管理是媒体播放器的责任。无论是嵌入浏览器窗口还是单独的界而，视频播放器都是一个独立于浏览器而执行的程序。

当我们使用播放器去播放一个互联网上的视频文件，需要经过以下几个步骤：解协议，解封装，解码视音频，视音频同步。如果播放本地文件则不需要解除协议，为以下几个步骤：解封装，解码视音频，视音频同步。

解协议的作用，就是将流媒体协议的数据解析为标准的相应的封装格式数据。视音频在网络上传播的时候，常常采用各种流媒体协议，例如HTTP、RTMP，或是MMS等，这些协议在传输视音频数据的同时，也会传输一些信令数据。这些信令数据包括对播放的控制（播放、暂停、停止），或者对网络状态的描述等。解协议的过程中会去除掉信令数据而只保留视音频数据。例如，采用RTMP协议传输的数据。经过调解协议操作后，输出FLV格式的数据。

解封装的作用，就是将输入的封装格式的数据，分离成为音频流压缩编码数据和视频流压缩编码数据。封装格式种类很多，例如MP4、MKV、RMVB、TS、FLV、AVI等，它的作用就是将已经压缩编码的视频数据和音频数据按照一定的格式放到一起。例如，FLV格式的数据，经过解封装操作后，输出H.264编码的视频码流和AAC编码的音频码流。

解码的作用，就是将视频/音频压缩编码数据，解码成为非压缩的视频/音频原始数据。音频的压缩编码标准包含AAC、MP3、AC-3等，视频的压缩编码标准则包含H.264、MPEG2、VC-1等。解码是整个系统中最重要也是最复杂的一个环节。通过解码，压缩编码的视频数据输出成为非压缩的颜色数据，例如YUV420P、RGB等；压缩编码的音频数据输出成为非压缩的音频抽样数据，例如PCM数据。

视音频同步的作用，就是根据解封装模块处理过程中获取到的参数信息，同步解码出来的视频和音频数据，并将视频音频数据送至系统的显卡和声卡播放出来。

四、数字视频的封装和编码

平时下载的电影，因为下载的来源不同。这些电影文件有不同的格式，用不同的后缀表示，如avi、rmvb、mp4、flv、mkv等（当然也使用不同的图标）。在这里需要注意的是，这些格式代表的是封装格式。

那什么是封装格式？就是把视频数据和音频数据打包成一个文件的规范，仅仅靠看文件的后缀，很难看出具体使用了什么视音频编码标准。总的来说，不同的封装格式之间差距不大，各有优劣。封装格式的主要作用是把视频码流和音频码流按照一定的格式存储在一个文件中。

在多种封装格式中，使用最广泛的就是Matroska的MKV。Matroska最大的特点就是能容纳多种不同类型编码的视频、音频和字幕流，即使是非常封闭的RealMedia及QuickTime也被它包括进去了，并将它们的音视频进行了重新组织来达到更好的效果。Matroska可将多种不同编码的视频及16条以上不同格式的音频和不同语言的字幕流封装到一个Matroska Media文件当中。因此，MKV也称多媒体容器（Multimedia Container），因其具有良好的开放性和跨平台性，所以称为H.264编码最重要的封装格式。

MKV采用了可变帧率，在回放变化比较慢（比如说静物）时以比较低的FPS来代替，可以节省不少资源；MKV与AVI和TS相比还增加了错误检测以及修复，这无疑提供了纠错和容错性，更适合于网络传输；在字幕方面，还增加了软字幕功能。与DVDrip以及HDrip等字幕是以其他文件形式存在不同的是，在MKV里字幕可以内嵌在封装里，但不会和视频混淆，也可以多字幕随意选择，这样在传输保存时更为方便。在传输上采用的是流式传输，这点和TS流的原理基本一致，可以通过时间戳来管理视频以及音频的同步问题，做到即下即看；在剥离了视频的封装格式后，就可以看到真正的视频数据，这些视频数据会有不同的编码格式。

平时所看到的视频，理论上就是一帧帧的图片连续的播放，形成动画效果。那么完整的保存所有图片，一部电影可能就要上百G的空间。视频编码就是为了压缩这些图片，以节省空间。比如一秒钟的视频通常有24帧，这24张图画大部分区域可能都比较相近，那么可以找到一种方法，只保存一张完整图片（称为关键帧），不保存其他图片，只保存和这个完整图片的不同（通过某种数学建模表达），这样就会节省很多空间，在播放的时候，通过和关键帧与每一帧的不同逆向恢复成一张完整的图片，这样就得到了24张完整的图片。

其中，H.264已经成为事实上的视频领域的行业编码标准。目前主流的视频都采用H.264格式进行视频编码。H.265可能对目前的计算机硬件资源来说计算量还是过大，还没有普及。

第三章　人工智能的图像处理方法

第一节　人工智能图像聚类分割简述

由于分水岭算法易受图像中的量化误差的影响，在分水岭算法结束后仍有一些过分割区域，因此为了得到良好的分割效果，本章在结合阈值分割的分水岭算法后又采用聚类分割算法合并那些无语义学意义的过分割的小区域，从而进一步改善了传统分水岭算法中易产生过分割的缺陷，并能获得更有意义的分割效果。

一、图像聚类分割概述

聚类是指依照某一个准则将数据集划分为某几个类或簇，使得属于同一类内的数据集合具有较高的相似度，而属于不同类的数据集合具有较低的相似度，因而聚类过程的关键就是尽可能地将同类事物聚集在一起，将不同类别的数据集合尽可能地分离。聚类分析属于多元统计方法中的一种，在样本进行聚类分析的时候，在样本所属的类别和类别数目未知的情况下，该方法依据样本数据，采用数学方法来处理数据集的分类问题。聚类分析在图像处理领域，尤其在图像分割方面发挥着相当重要的作用，因而产生了许多基于聚类算法的图像分割方法。

完整的图像聚类过程不仅包含聚类算法本身，还包括图像的特征选择与提取以及数据集的相似度度量的计算，其图像聚类过程：图像特征的选择与提取以及数据集相似度的计算会受到聚类输出反馈的影响。到目前为止，评价聚类方法的优劣还没有量化的客观标准，因而聚类方法效果的好与差主要采用以下几个标准来衡量：是否具有处理大量数据集合的能力；是否具有处理数据抗噪声的能力；是否具有处理携带间隔或嵌套的任意类型数据的能力；是否具有处理后的输出结果与数据输入顺序无关的能力；是否具有处理多维数据的能力；在聚类过程中是否需要先验知识。

二、模糊C均值聚类算法

（一）图像的模糊性分析

图像处理就是对图像中的信息进行分析、识别以及理解。由于图像是二维信息对三维信息的表示，所以很多信息在成像过程中缺失了，使得图像本身具有许多不确定性。同时，人眼对灰度级的分辨是模糊的，很难准确区分图像中的灰度级。图像的这些不确定性因素大大提高了分割的难度。图像中的模糊性可以分为以下几点：

1.灰度的不确定性

图像中的灰度具有不确定性，如若图片中像素的灰度值由暗逐渐变亮，那么对于中间过渡区中的像素，很难明确判断该像素到底属于暗区域还是亮区域。

2.空间的不确定性

由于图片中通常存在不明确的、不精确的边界或物体轮廓，使得边缘附近的像素不确定性非常高，很难确定该像素属于哪个区域。

3.概念和知识的不确定性

由于人类的语言、知识和概念的模糊性和不明确性，从而使得图像中某些概念也是模糊的、不明确的，如边缘、平滑、对比度等概念。由于图像具有不确定性、模糊性和非随机性，使得经典数学理论很难表示和处理图像，且难以取得好的处理结果。因此，模糊理论被很多研究者引入图像处理、模式识别等领域，由于该理论能够很好地表达和处理具有不确定性的知识，在实际应用中取得了很好的效果。

（二）模糊理论基础

模糊C均值聚类算法是非常典型的一种模糊聚类算法，该算法是在HCM算法的基础上引入模糊理论改进而成的。

1.模糊理论简介

Zadeh提出了隶属度函数的概念以及模糊集合理论。隶属度函数用于解释具有模糊性的现象，是一种亦此亦彼的关系。模糊集合理论是在传统集合理论的基础上发展起来的，并且作为一门新兴学科被建立起来。模糊集合理论的出现能更好地解释自然界中的模糊性和随机性，加深了人类对客观世界的认识。如今，模糊理论是研究热点之一，其应用已经遍及多个领域，如模式识别、图像处理、通讯、教育、心理学、决策决定等。国内外学者根据模糊理论的特点提出很多基于模糊理论的图像分割算法，其中模糊聚类方法是图像分割中最为广泛研究和应用的方法之一。

2.模糊集合理论

在传统集合中，元素只有属于集合和不属于集合这两种状态，所以描述的是含有清晰界限、可以明确区分的事物现象。因而每个对象与传统集合的隶属关系是明确的，是非此即彼的关系。而模糊集合描述的是含有模糊属性或不确定性的现象。任意要素都以不同的隶属度属于多个不同集合，因此，每个对象与模糊集合的隶属关系是不确定的。定义在集合论中，一般将研究对象所构成的非空集合称之为论域，用大写字母表示；将论域中的研究对象称之为元素，用对应的小写字母表示。论域中的元素组成的整体称之为集合。

（三）模糊聚类基础

1.聚类分析简介

现实世界中存在着各种各样的分类问题，其中聚类是一种重要的分类方法。聚类就是根据事物之间的某些相似性特征对其进行分类的过程。聚类分析则是运用数学方法把具有某种相似性特征的样本划分为若干类，并使得同一类中样本相似、不同类中的样本相异的数学分析方法。由于在聚类过程中不需要先验知识的指导，所以聚类分析属于无监督分类。近年来，聚类分析技术已被广泛应用于多个领域，如模式识别、生物医学、图像分割、心理学等。

分类是人们认识事物的一种手段，人们总是根据某种特征来判断事物之间是否相似。但随着社会的发展与进步，人们获取的数据量已经远远超出了自身的处理能力，为了能够有效地处理这些数据，需要通过计算机对这些数据进行分类。特征选取是聚类分析的前提和基础，选取合适的特征可以极大地减少运算量，简化聚类算法设计；聚类算法设计是聚类分析的主要部分，根据样本特征的相似性对其进行分组；有效性分析是聚类分析的评价指标，根据该评价指标可以分析出算法的优劣，从而更好地改进或选择合适的聚类算法；结果解释是聚类分析的最终目的，可以从聚类结果中获取有用的知识。

2.模糊聚类中的相似性度量函数

模糊聚类分析主要是通过样本的某种相似性特征对其进行划分的，因此需要事先选取合理的相似性度量函数。人们通常选择距离函数作为相似性度量函数。样本的特征值之间的距离越小，越说明它们的相似性越大，反之亦然。因此，通常选择距离度量函数来表示样本点之间的相似性程度。

3.模糊聚类中的去模糊化方法

在对样本进行模糊聚类之后，可以得到样本对聚类的隶属度值。因此，我们需要借助去模糊化方法对其聚类结果进行处理，从而得到确定的分割结果。

（四）K均值聚类算法（HCM）

1.HCM算法原理

K均值聚类算法（HCM）是常用的聚类算法之一，其原理是：通过最小化目标函数来完成分类，目标函数是非相似性指标。

2.HCM算法的优缺点

HCM算法有着容易理解、实现简单、收敛时间短的优点。但其仍存在以下不足：

（1）易陷入局部极值

由于HCM算法的初始值是随机选取的，若初始值选在局部极值附近，则会出现分割结果错误、收敛速度变慢或陷入局部极值的缺点。

（2）对噪声敏感

该算法在处理含噪数据时，由于噪声数据和样本均被当作正常的数据处理，从而导致错误的分割结果。

（3）聚类个数需要提前设定

在实际应用中，人们往往很难确定聚类个数，只能凭借经验或反复试错得到。

3.HCM算法实现

可以用交替寻优算法来求得HCM算法目标函数的最小值及每个样本元素的隶属度和聚类中心。当达到迭代终止条件时，跳出循环。

（五）模糊C均值聚类算法（FCM）

1.FCM算法的原理

模糊C均值（FCM）聚类算法由Dunn提出，随后Bezdek对该算法进行了改进和发展。它是在硬C均值聚类算法的基础上结合模糊集理论，将隶属度值由0和1推广至闭区间，使样本不再确切的属于某一类，而是以不同的隶属度从属于多个类。FCM算法的原理是：通过迭代来更新聚类中心和隶属度矩阵，从而逐步减少目标函数值。在目标函数达到最大值或最小值附近时，根据最大隶属度原则进行去模糊，最终实现数据分类。

2.FCM算法的优缺点

虽然FCM算法有着符合人类认知特性、无需人工干预、适用解决模糊性问题的优点，但仍然存在以下不足：

（1）对噪声十分敏感

由于FCM在对图像进行分割时，仅仅使用了图像的灰度信息，没有考虑像素的空间邻域信息，使得该算法在处理噪声像素时，将噪声点当作正常像素处理，从而产生错误的分割结果。

（2）FCM算法对初始参数敏感

FCM算法主要包括初始隶属度矩阵U或初始聚类中心V、聚类数目C、模糊加权指数Ⅲ、迭代终止阈值S和最大迭代次数等几个部分。初始隶属度矩阵或初始聚类中心是随机选取的，若选取不当，易使算法陷入局部极值；在实际应用中，人们往往很难确定聚类数目，只能凭借经验或反复试错得到，影响了算法的运行效率。其他参数的选取也或多或少地影响算法的聚类效果。而这些参数的选取目前还只能凭借经验或反复试错得到，没有相关理论体系的支持。

（3）FCM算法计算复杂度高

FCM算法通过迭代，求得目标函数最小值及对应的隶属度与聚类中心。在每次迭代时，都需要计算每个样本点的隶属度，随着样本规模的增加，计算量也将随之增长，运算时间大大增加，导致FCM算法无法对数据量大的图片进行实时性处理。

3.FCM算法的实现

通过对公式进行迭代计算，算出新的聚类中心和隶属度矩阵，并替换之前所对应的值。当达到终止条件时，跳出循环。最后根据最大隶属度原则对像素进行归类，从而完成图像的分割。

4.模糊聚类算法存在的问题

利用聚类算法对图像进行分割时，存在以下问题：

（1）聚类数目的确定

在对数据集进行聚类之前必须给定聚类的数目，否则该聚类算法将无法运行。但是现在仍然没有一种可行的标准来确定聚类的数目，往往只能凭借经验。所以聚类数的确定是均值聚类方法中的难点。

（2）FCM算法易陷入局部极值

FCM算法必须事先给出初始聚类中心或初始隶属度，但FCM算法的初始值往往是随机生成的，若初始值正好落在某个局部极值附近，极可能使该算法最终陷入局部极值，所以FCM算法对初始值敏感。如何使聚类达到全局最优，并且减少迭代次数是聚类算法的一个难题。

（3）聚类算法对噪声敏感

标准FCM算法和NCM算法在对图像进行分割时，仅仅使用图像的灰度信息，而没有考虑像素的空间邻域信息，正因为仅仅使用了像素的灰度信息，导致FCM算法和NCM算法对噪声十分敏感。

（4）对聚类算法的缺陷进行的改进

针对模糊聚类算法的不足提出改进策略。针对FCM算法易陷入局部极值、需要人工确定聚类数的缺陷，提出了基于模拟退火和粒子群的自适应FCM算法。通过模拟退火粒子群算法寻找最优聚类中心，能有效避免陷入局部极值的缺陷，通过有效性函数自适应地选取最优聚类数目。在此基础上，针对该算法对噪声敏感的缺陷，提出了引入空间信息的ISAPSOFCM算法。

针对中智聚类算法的不足提出改进策略。在中智模糊聚类算法（NCM）中加入噪声距离和模糊局部信息，从而提出了基于噪声距离的核空间中智模糊局部信息C均值聚类算法（NKWNLICM），使得该方法在处理含噪图片时，有很好的去噪效果。

图像分割在诸多研究领域中有着重要地位，如神经网络、模式识别、人工智能、数据挖掘、深度学习等众多领域。图像分割技术的发展与进步，可以极大地促进这些领域的发展与进步，所以对图像分割问题的研究是十分重要的。近几十年来，国内外研究者们对图像分割进行了大量研究，出现了上千种不同类型的分割方法，但仍然不存在公认的通用的分割方法。关于图像分割领域研究的难点主要包括：第一，图像数据具有不确定性，通常伴随着图像噪声，而图像噪声的先验知识往往是我们不知道的。此外，图像有着不同的类型和不同的特点，因此很难对这些图像进行准确有效的分割。第二，由于图像往往包含诸多复杂信息，如边缘信息、形状信息、纹理信息以及色彩信息等，使得很难描述对象的所有信息，所以很难找到统一的分割方法可以分割所有种类的图片。第三，对数据量过大的图像进行处理时，很多图像分割算法的时间复杂度和空间复杂度都比较高，不适合处理对实时性要求高的图片。第四，研究者们很少关注图像分割技术的评价方法，现在仍然不存在统一的准确的评价指标。

第二节　常用的图像聚类分割算法

在图像分割中，根据图像中要处理的数据、分割的目的以及用途，可选取不同的聚类算法以实现图像分割的目的，目前常用于图像分割的聚类算法大体上可分为划分聚类算法、层次聚类算法、基于密度的聚类算法、基于模型的聚类算法以及基于网格的聚类算法。

一、划分聚类算法

划分聚类算法采用目标函数最小化策略把一个确定的N个数据对象的数据集分成h个组，并且该算法使得每一组中的对象相似度相当高，而不同组的对象相似度比较低，由此可知相似度的定义是划分聚类算法的关键环节。该算法的目标函数一般定义为$J=(1/N)\sum A_{ni}d^2(x_i-x_n)$，其中$x_i$表示对象空间中一个数据对象，且$x_i$是第i类的均值，J为集合A中全部对象与对应的聚类中心的均方差之和。最常用划分聚类算法包含k-means算法和k-medoids算法。

（一）k-means算法

k-means算法的原理是将恒定的N个数据目标的数据集分成事先给定的数目为k的簇，首先随机选择h个对象作为初始的h个聚类中心C=（C_1，C_2，…，C_k），接着通过算出其余的所有样本到各自聚类中心的距离，把该样本划分到距离它很近的类中，之后再使用平均值的方法计算调整后的新类的聚类中心，重复上述步骤直到计算出的两次类中心保持不变时，标志着数据集中的样本分类结束且聚类平均误差准则函数F处于收敛状态，聚类平均误差准则函数F的表达式F=$\Sigma_{Ci}|q-m_i|^2$，其中q为数据集的数据对象，m_i是第i类聚类中心C的平均值，F代表数据集中全部数据对象的平方误差的总和。

k-means算法虽然容易实现，但是该算法也具有一些缺陷：k-means算法当选用不一样的初始值时，能够得到不相同的聚类结果，因此该算法对初始聚类中心的依赖性较大；k-means算法对独立点及噪声点反应较为敏锐，严重时会导致聚类中心的偏离；k-means算法需要用预先掌握的知识来求出待生成的簇的数目。

（二）k-medoids算法

k-medoids算法的处理过程如下：先随意选出k个对象作为初始的k个聚类的代表点，接着算出其余的样本到其最靠近聚类中心的对象的距离，把该样本归类到离它最近的聚类中，并依据某代价函数估算目标与代表点间的相异度平均值，若对象与代表点相似则替换代表点，反复进行上述过程直到不再有对象替换代表点为止。k-medoids算法包括PAM算法、CLARANS算法以及CLARA算法。当数据集和簇的数目较大时，PAM算法的性能就会变得很差；CLARANS算法不能辨认套嵌或其余繁杂形状的聚类形状，而且该算法具有运算效率低、没有处理高维数据的能力以及不能准确找到局部极小点产生错误的聚类结果的缺陷；CLARA算法的聚类结果与抽样的样本大小有关，当抽样的样本发生偏差时，CLARA算法的性能就会变差而不能得到良好的聚类结果。

二、层次聚类算法

层次聚类算法分为凝聚层次聚类算法和分裂层次聚类算法。凝聚层次聚类认为每一个对象是一个簇，遵循自下而上的原则逐步归并簇，继而构成很大的簇，反复这一过程直到图像中所有的对象都在同一个簇中或满足某一约束条件时，该算法结束。分裂层次聚类的过程与凝聚层次聚类的过程相反，分裂层次聚类认为图像中所有的对象已经在一个簇中，遵循自上而下的原则逐渐将图像中的对象从一个簇中划分为越来越小的簇，反复这一过程直到图像中每一个对象被分为单独的一簇或满足某一约束条件时，该算法结束。经常使用的层次聚类算法有BIRCH算法、ROCK算法、CURE算法、Chameleon算法等。BIRCH算法通过扫描数据来建立一个有关聚类结构的CF树，并对此CF树的叶节点进行聚类；ROCK算法根据相似度阈值与共同邻域的基本概念计算出图像的相似度矩阵，接着从图像的相似度矩阵中构建一个稀疏图，并对该稀疏图进行聚类；CURE算法依据收缩因子的值调整每个簇的大小和形状，从而形成不同类型的簇而完成聚类；Chameleon算法依据若图像中存在两个簇之间相似性以及互联性高度相关的对象，则动态地合并这两个簇，重复上述过程直到不能合并为止，该算法结束。层次聚类算法虽然易处理不同粒度水平上的数据，但是该算法的结束条件模糊；其扩展性不良，因而要求预先算出图像中大部分的簇才可完成合并或分裂操作；并且该算法的归并或割裂簇的处理是不可修正的，因此该算法聚类质量较低。

三、基于密度的聚类算法

基于密度的聚类算法弥补了划分聚类算法和层次聚类算法的不足，不仅可以处理凸形簇的聚类，而且可以处理任意形状簇的聚类，该算法依据图像中数据集密度的相似度，把密度相近的数据集划分为一个簇，反之，把密度不接近的数据集划分为不同的簇，从而完成聚类的目的。常用的基于密度的聚类算法有DBSCAN算法、DENCLUE算法以及OPTICS算法等。DBSCAN算法通过图像中对象集合的每个对象的特定邻域来确定簇的区域，该算法的聚类结果不受数据输入顺序的影响，但此算法在执行的时候，需要事先知道图像中确定输入的聚类参数，但由于现实中的高维数据集不容易确定出聚类参数，因此该方法具有一定的局限性；DENCLUE算法依据图像中数据集的影响函数来计算数据空间的整体密度，接着确定出密度吸引点并寻找到确定的各个簇的区域而完成聚类的目的，但是该算法受聚类参数的影响较大，往往参数值的轻微变化会引发差别较大的聚类结果；OPTICS算法可以自动、交互地算出图像中簇的次序，并且此次序表示数据集的聚类结构，但是由于该算法所确定的聚类结构是从一个宽泛的参数所设置的范围中所获得，因此该算法不能产生一个数据集的合簇，因而聚类结果不太理想。

四、基于模型的聚类算法

基于模型的聚类算法依据图像中的数据集符合某一概率分布这一假设，把数据集表示为某一数学模型来实现聚类的目的，因而该方法划分的每一个簇的形式均是通过概率描述来表示的。基于模型的常用聚类算法有统计方法和神经网络方法，此外还有一些新的模型聚类算法，例如，支持矢量方法的聚类算法、SPC算法以及SyMP算法等。统计聚类方法有COBWEB算法、CLASSIT算法、Auto Class算法以及高斯混合模型算法等。COBWEB算法是最著名的基于统计聚类的方法，该算用一个启发式估算度量将数据集中的对象加入到能够产生最高分类效果分类树的位置，于是会不断地创建出新的类，从而完成聚类的目的。COBWEB算法不需要事先提供数据集的聚类参数就可以自动地修正并划分出数据集的簇的数目，但是由于该方法进行的前提是假设每个簇的概率分布是相互独立的，因而该方法具有局限性；此外该方法在存储和更新数据集的每个簇的概率分布的时候，均会付出较高的代价而效率变低。CLASSIT算法可以处理连续性数据集的增量的聚类，并且该算法是COBWEB算法的一个衍生算法，因而该算法存在与COBWEB算法相同的缺陷，因此该算法也不适用于解决大型数据集的聚类问题。

神经网络方法将数据集的每一个簇看作是一个例证，并将该例证视为聚类的初始点，接着该算法依据某种相似度，将新的对象分配到与其最相似的簇中而完成聚类的目的。主要的神经网络方法包含竞争学习神经网络方法和自组织特征映射神经网络方法。基于神经网络的聚类算法处理数据需要的时间较长，并且不适合将其用于大型数据集的处理。

五、基于网格的聚类算法

基于网格的聚类算法是首先将图像空间数据量化成某些单元，然后该算法对这些量化单元进行聚类。经典的基于网格的聚类算法有STING算法、CLIQUE算法以及Wave Cluster算法。STING算法是一种针对不同级别的分辨率将图像空间分为多个级别的长方形单元的多分辨率的聚类方法；CLIQUE算法是一种综合密度与网格的针对处理高维数据集的聚类算法；Wave Cluster算法采用小波变换把图像的数据集的空间域转变为其频率域，并在这个频率域中找到密集的数据区域而实现数据聚类。基于网格的聚类算法虽然能快速聚类，但是该算法只能对垂直和水平边界执行聚类，不能对斜边界执行聚类，因此该算法具有一定的局限性；其时间复杂程度通常与数据集的规模无关而与网格数目相关，若网格单元数太大，则其时间复杂度就会变大，反之若网格单元数太小，该算法的聚类精确度就会受影响，因此该算法选取恰当的网格数是取得良好聚类效果的关键环节。

六、引入噪声距离的核空间中智模糊局部信息聚类算法

传统的FCM算法是在经典模糊理论的基础上发展而来的，而经典模糊理论自身存在一定的局限性，对不确定信息的表达能力不足，使得FCM算法在对图像进行分割时，不能很好地处理聚类的边界像素和异常值。传统的FCM算法在进行图像分割时仅仅考虑了像素的灰度信息，并没有考虑图像的空间邻域信息，使得该算法对噪声和孤立点十分敏感，对含噪图像的分割结果不理想。针对FCM算法的上述缺陷，Dave提出了噪声聚类算法，该算法在FCM算法的基础上添加了噪声类，其中噪声类用一种参数子集来表示，该算法有较好的去噪效果。Krinidis等提出了模糊局部信息C均值算法，该算法提出了模糊局部信息项，该项包含空间邻域信息和灰度信息，从而提高了算法对于噪声图片的分割效果。为了进一步提高FLICM算法的分割效果，公茂果等提出了核空间模糊局部信息均值算法，用像素邻域方差信息对模糊局部信息进行了改进，并用核距离替代欧式距离。郭艳辉等在中智理论的基础上对FCM进行了改进，提出了中智模糊C均值聚类算法（NCM），该算法不仅仅包含隶属度T，还包含不确定度I（对聚类边界的隶属度）和反对度F（对噪声的隶属度），使得该算法在分割图像时对边界区域的分类更加明显，并且克服了FCM算法去噪性能差的缺点。

（一）噪声聚类

Dave在噪声原型的基础上提出了噪声聚类算法。由于该算法中噪声距离的作用，使得噪声聚类算法具有鲁棒性，在处理含噪数据时能够得到较好的计算结果。所以可以将噪声距离的概念与其他聚类算法相结合，从而提高算法对噪声的鲁棒性。

（二）中智模糊聚类

1.中智理论简介

模糊聚类算法是在模糊理论的基础上对HCM算法的推广和延伸。与非模糊分割算法相比，模糊分割算法对图像中的不确定信息有较好的处理能力，所以模糊分割算法的分割效果更好。然而，由于模糊理论的局限性，经典模糊分割算法仍然存在着一些缺陷，使得人们在处理复杂问题时，分割结果并不理想。

为了解决经典模糊理论的局限性，进一步提高它对不确定性或模糊问题的处理效果，人们对经典模糊理论进行了扩展，提出了直觉模糊集、区间值模糊集、区间直觉模糊集等。其中，弗罗仁汀，司马仁达齐提出中智理论，该理论是对模糊理论和其他扩展理论的进一步概括和泛化。中智理论不但能够更好地表示和解决非确定性问题，而且比模糊理论的处理效果更好。中智理论的基本思想是：任何观点都具有一定程度的真、不确定性和假。为此引入了T、I和F作为中智元素，分别表示事件的真实性、不确定性和荒谬性，我们称T、I和F这些中智元素为真值、不确定值和假值。

2.中智模糊聚类算法（NCM）

在聚类分析中，传统模糊聚类方法只能描述元素属于某个聚类的程度。但对那些处于任意若干个聚类边界的元素来说，往往很难确定它们具体属于哪个聚类。为解决这个问题，郭艳辉等在中智理论的基础上对FCM算法进行了改进和拓展，提出了中智模糊C均值聚类算法（NCM）。该算法不仅包含元素属于聚类的程度，还包含了元素对聚类的不确定度及属于噪声的程度，使得该算法在分割图像时对边界区域的分类更加明显，并且克服了FCM算法去噪性能差的缺点，提出了新的集合A，其中A是确定聚类和不确定聚类的并集。

（三）基于噪声距离的核空间中智模糊局部信息C均值聚类算法

在NCM中，由于目标函数没有涉及任何空间信息，若直接用于图像分割，则达不到理想的分割结果。因此不适合直接用于图像分割。另外，通过最大隶属度原则确定的像素标签可能产生分段误差。因此，应该在目标函数中加入空间邻域信息来减少不期望的因素对隶属函数的最终确定的影响。基于NCM算法存在的问题，将基于核空间的局部信息和噪声距离嵌入NCM算法，提出新算法基于噪声距离的核空间中智模糊局部信息C均值聚类算法。

第三节　改进的FCM聚类分割算法

依据图像数据集中的簇的重叠程度可以将聚类分割算法分为硬性聚类算法和模糊聚类算法。硬性聚类算法体现了对象与簇之间的非此即彼的关系，即严格地把每个待聚类的对象分类到某个簇中，设图像的数据集为X={x₁, x₂, …, xₙ}，其分类的数目为c，且满足条件（2≤c≤n）；假设将数据集X划分为互不重叠的c个簇，使得任何一个X中的样本点均属于某一个簇，并且每一个簇中最少有一个样本点，那么这个硬性聚类算法的聚类结果就可以表示为一个c×n阶的矩阵U，则数据集中的第j类可以表示为u_{jk}，其表达式$u_{jk}=1$，$x_k A_j$（j=1, 2…, c）。通常在实践中事物间的边界限并不是很分明，就会出现模糊划分的聚类算法，而模糊集合理论又为模糊聚类算法提供了优良的数学工具。模糊聚类算法矩阵U中元素的取值并不只局限于0与1这两个值，而是在0与1之间的区间上取值，因而此时的硬性聚类算法就转变为模糊聚类算法。

HCM聚类算法是典型的硬性聚类算法，该算法收敛速度较快，但由于此算法只能将图像中的样本点以概率0和1划分到各个簇中，因此该方法不能够充分表现出客观事物的模糊特性，因而在实际的图像分割中往往会产生错误分割。相反，模糊聚类算法中的一种典型算法FCM算法就可以解决HCM算法中不能充分表达事物模糊性的这一缺陷，该算法在图像分割中利用隶属度函数解决了像素同时属于多个不同类别的可能性问题；该算法能够避免阈值的设定问题，并能解决阈值分割中多个分支的分割问题；该算法可以形成较细致的特征空间，其分割结果不会像硬聚类分割那样产生某种偏差；该算法的聚类过程是自动进行的，是无监督的聚类方法，因而该算法在图像分割领域被广泛应用。

FCM算法的图像分割的步骤如下：设待分割的图像为M，其分割门限为δ，然后对该图像采用迭代优化方案求其FCM算法中目标函数J（U，V）的最小值。首先，确定图像的聚类数目c（2≤c≤n）以及加权指数m（m∈[2，∞]）；接着，初始化模糊聚类矩阵U，其初始值U（1）=[μi（x，y）l]，且l=0；然后，依据式计算各个簇的聚类中心vi；并且计算新的模糊聚类矩阵Ul+1，再依据式分别计算M（x，y）；若M(x, y)=ϕ，则满足图像分割要求，反之，若M(x, y)$\neq\phi$，则不满足图像分割要求；最后，检查‖U(1-1)-U（1）‖的值是否小于FCM算法预先设的阈值，若该值小于此阈值则标志着FCM算法结束，图像分割已完成，反之，若该值大于或等于FCM算法预先设的阈值，则算法就会继续计算新的聚类中心，当达到停止条件时，计算停止，此时算法收敛。

影响FCM聚类算法分割质量的因素如下：一是FCM聚类算法的初始隶属度矩阵，该矩阵直接影响FCM聚类算法是否能找到最佳的聚类中心以及影响FCM聚类算法的运算时间和迭代次数。二是FCM聚类算法的对称矩阵，该矩阵的矩阵形式直接影响FCM聚类算法的聚类分布，是球状分布、条状分布、带形分布、矩形分布还是菱形分布等。三是FCM聚类算法的聚类数目，这个参数直接影响FCM聚类算法的运算时间，假如此数目很大，其运算时间就会成倍增加，因而此时该算法用一般的实验设备就难以完成。四是FCM聚类算法的加权指数，该参数控制着模糊聚类的类间模糊程度，若该加权指数变大，则分类矩阵模糊程度就会变大；当该加权指数趋于无穷的时候，隶属度矩阵中的元素均接近1/c（c为聚类的总数），此时隶属矩阵就失去了意义。五是FCM聚类算法的阈值设定，如果阈值设置得太大，则每次运算的聚类结果就会有较大的差异，且聚类结果也不稳定；反之，如果阈值设置得太小，则该算法的运算量就会增加，从而导致运算时间变长以及产生该算法不能收敛的结果。

因此，改进FCM聚类算法的分割效果实质就是对以上几个因素的改进，对传统的FCM聚类算法进行了如下改进：一是隶属度矩阵的改进：利用图像中像素的空间特征加强原有的隶属度函数，使同类区域的邻域像素携带少量的噪声点的权重，最终获得较准确的聚类中心；改进的隶属度，为控制原有隶属度和控制空间函数间关系的参数；改进隶属度后得到的聚类中心。二是对称矩阵的选择：根据图像的聚类分布对应地选择出对称矩阵的形式。三是聚类数目的确定：采用结合阈值分割的分水岭算法中的分水岭盆地的个数作为初始的聚类数目，从而解决了传统的FCM聚类算法不能自动确定总的聚类数目的问题。四是加权指数的确定：对于不同的图像，加权指数也具有不同的取值范围，但加权指数有一个经验范围是[1，1.5]，之后又从物理上求出，当加权指数取2的时候，其表示的模糊聚类的类间模糊程度最有意义。五是阈值设定：本书采用结合梯度特征的最大类间方差法无监督、自适应地确定了多源图像的分割阈值，从而为FCM聚类算法收敛到较好的聚类结果奠定了一定的基础。因此，通过上述改进的FCM聚类分割算法可以求出新的目标函数，并且用迭代算法可求出目标函数J（U，V）最小值，从而得到最佳的图像矩阵与聚类中心的配对，即（U，V），最终完成聚类分割的目的。

因此，采用结合空间特征的FCM聚类算法对分水岭算法进行改进操作，从而形成了结合改进的FCM聚类分割的分水岭算法，该算法减弱了分水岭算法易受图像中的量化误差的影响；与此同时该算法也归并了图像中那些细微的无语义学意义的过分割的小区域，使得被分割的目标轮廓更为清晰；并且该算法进一步改善了传统分水岭算法中易产生过分割的缺陷，最终得到具有较高分割质量的图像。

一、基于邻域像素相关性的FCM算法改进

聚类算法的实质就是对目标图像像素的分类。其中，隶属度是像素与聚类中心关联程度的衡量标准。隶属度的计算一般是通过对聚类算法目标函数进行最小化。因此目标函数直接决定了隶属度计算结果。一个好的目标函数可以获得更加准确的隶属度。

在传统的FCM算法中，隶属度由目标像素和聚类中心的距离决定，距离越大隶属度越小，反之亦然。但是，单纯依靠目标像素与聚类中心的距离进行隶属度计算是不准确的。因为目标像素若为噪声点，不能有效地分割出目标区域。针对这一问题，有学者将邻域像素引入了FCM算法，来控制目标像素的隶属度，从而降低噪声影响，提高分割效果，并提出了相关的改进算法。

（一）基于邻域像素的FCMS算法

Ahmed提出了一种改进的FCM算法，即FCMS算法。该算法通过建立邻域像素与中心像素关系，精确分割结果。

（二）FCMSl算法

FCMS算法每次迭代都需要计算邻域信息，导致了分割效率极为低下。陈灿松和张道强针对该问题，提出了FCMSl算法。这两个算法在迭代开始之前，对邻域信息像素进行了滤波处理，从而有效降低了计算时间，提高了迭代效率。基于

均值滤波处理的算法为FCMSl。其FCMSl算法在迭代前先对像素进行了一次滤波处理，统计了像素中的信息并且进行了一次预分割，因此大大提高了分割效率。然而，该算法在迭代预先估计了图像信息，分割结果受到估算结果的影响，导致了图像分割结果不够准确，出现模糊。

（三）FLlCM算法

聚类算法中的参数会直接影响分割结果，选择的参数决定了改进算法分割结果的好坏。Stelios Krinidis和Vassilios Chatz提出了基于邻域像素的FLICM算法。该算法在对邻域像素进行利用时加入模糊因子。FLICM算法对图像整体分割效果较好，分割后的图像边缘效果优于FCMS算法，但是FLICM算法对噪声敏感。

（四）对已有改进算法的分析

FCMS、FCMSl、FCMS2、FLICM等算法都是基于邻域像素对FCM算法进行改进，目的都是通过对邻域信息与聚类中心的距离来调控对应目标像素的隶属度。虽然这些算法取得了一些成果，但是仍存在着一些问题。

1.改进的FCMS算法

FCMS算法在FCM算法的目标函数中加入了邻域信息。隶属度同时受到中心像素和邻域像素的影响，对中心像素进行分类时，需要考虑邻域像素与中心像素的关联程度。但是在FCMS算法将影响因子设为了常数，认为每个邻域像素对中心像素的影响程度相同，这导致了分割结果边缘模糊，出现了过度分割的现象。

2.改进的FLICM算法

FLICM算法将模糊因子引入目标函数，避免了一些误差，分割后的图像保持了较好的边缘细节。但是完全依照图像本身进行分割会降低对图像中噪声点的处理能力，导致该算法对噪声敏感。通过对FCMS和FLICM算法的分析可知，对邻域像素的利用是从邻域像素对FCM算法进行改进关键。

二、FCM算法发展

近些年来，越来越多的理论和技术被应用于图像分割，例如模糊集理论、统计学理论和机器学习等，许多新的方法与思想也应运而生。其中，由于成像技术和扫描仪器本身缺陷等原因，医学图像常常具有模糊性。针对这一问题，一些学者将模糊理论引入到医学图像处理中，提出了新的分割算法。其中，最著名的就是由Dunn提出的模糊C均值聚类算法（fuzzyc-meansalgorithm，FCM）。该算法在提出后，又经Bezdek等人的推广，成功应用于许多领域，成为了经典聚类算法。FCM算法的原理是建立关于隶属度和聚类中心的目标函数，并对其不断迭代，当隶属度的差值小于给定阈值则认为迭代结束，最终分别得到隶属度和聚类中心。FCM算法具有无监督、运行简单并且运算速度较快等特点，为图像分割这一领域做出了卓越贡献，成为了被研究人员广泛采用的一种算法。但是该算法也存在着以下两个方面的问题。

第一，FCM算法只考虑单个像素，在分割过程中忽略了像素之间的关系，没有利用像素的空间和灰度等信息。FCM算法不能保证对每幅图像的准确分割，当图像模糊性较强时，FCM算法的分割结果存在较大误差。因此，许多学者和研究人员提出了基于空间信息的改进方法，结合目标图像中的像素灰度或是空间信息来精确分割结果，这是FCM算法改进的一个重要的方向。其中，FCMS算法、FCMS1和FCMS2算法以及FLICM等算法均通过邻域信息对FCM算法进行改进。其中，FCMS算法在目标函数中引入了邻域像素的距离信息，在分割过程中通过像素的距离信息来判断邻域像素与中心像素的关系，使得目标像素的隶属度更加准确。FCMSl和FCMS2算法是对FCMS算法的改进，FCMS算法引入邻域像素信息，加强了分割效果，但是FCMS算法需要多次迭代，运算量较为庞大，效率低下。对此，FCMSl和FCMS2算法首先通过滤波对图像信息进行了统计，并计算了像素的邻域信息，通过这种方式降低了运算量，减少了算法运行所需的时间。FLICM算法提出了使用模糊因子替代确定参数的改进算法。该算法引入模糊因子，完全依照图像本身的像素信息进行分割，降低了人为设置参数对分割结果的影响，一定程度上提高了分割效果。但是该算法在对噪声图像进行处理时效果较差。

第二，FCM算法的实质是对目标函数的不停迭代，需要进行大量计算，这导致了FCM算法效率较为低下。针对这一问题，研究人员提出了如EnFCM算法、FGFCM算法、GIFPFCM等算法，这些算法都从提高分割效率方面对FCM算法进行了改进。其中，EnFCM算法对给定图像进行了滤波处理获得新的目标图像，并利用新图像的直方图，对图像进行分割。该算法虽然提高了分割效率，但是在分割结果上存在误差。FGFCM算法首先建立相邻像素间的相似度模型，然后对图像进行分割，该算法在保证分割效果的前提下，提高了运行效率。GIFPFCM

算法通过在目标函数中增加一项隶属度的函数，该函数在隶属度达到0或1时最小。该算法在进行分割时，通过这一函数快速计算出目标像素的隶属度，以此来达到提高算法效率的目的。

三、融合遗传算法和空间邻域信息的FCM改进分割算法

FCM算法是通过反复迭代优化目标函数来实现样本的聚类分割，但是该算法对初始聚类中心较为敏感，易导致算法局部收敛，而且由于算法未考虑空间邻域信息，造成算法对噪声较为敏感，因此很难得到较好的分割结果。主要针对此不足，选择全局寻优能力较强的遗传算法去优化添加了空间邻域信息的FCM算法的初始聚类中心，以取得更好的分割效果。然后在此基础上，结合三通道把它应用推广到彩色图像的分割，即首先单个通道分割图像，然后再融合三个通道的分割结果，得到最终的分割结果。

（一）FCM改进分割遗传算法

遗传算法本质是一种群体性搜寻的算法。遗传算法具有较强的全局搜索能力，把遗传算法与FCM算法结合，可以利用遗传算法全局寻优能力强的特点去优化FCM算法的初始聚类中心，改善该算法对初始聚类中心敏感而导致算法易局部收敛的问题，从而获得更理想的聚类效果。遗传算法是一种全局化概率寻优算法，它是以生物界的"适者生存，优胜劣汰"的进化规则为依据，经过长期发展所形成的一种算法。受进化论的影响，算法的自身的鲁棒性较强。遗传算法中很多操作都是随机的，该算法的随机操作和传统的随机搜索是不同的，它是高效有向的搜索，而传统的方法则是无向的搜索。

1.遗传算法基本步骤

遗传算法的基本步骤如下：

Step1：染色体编码，初始化种群。随机生成初始种群V。

Step2：利用适应度函数来计算每个个体的适应度。

Step3：判断是否满足算法的停止条件，若是算法满足停止条件，即达到预设的算法的迭代次数，则输出适应度最优的个体，算法结束，否则算法转Step4。

Step4：选择。以某一选择方式来选取可以进入到下一代的个体。

Step5：交叉。以概率来进行。

Step6：变异。利用其他基因值来代替染色体编码串中的某一些基因值，以此产生新个体，以概率来进行。

Step7：由遗传操作产生新种群，转至Step2。

2.遗传算法基本操作

遗传算法的基本操作主要包括编码、选取初始种群、选择、交叉、变异、选取适应度函数和设置停止条件。

（1）编码

编码是建立表现型和基因型的映射关系，就是基因染色体的表达。基因进行编码的实质是把我们抽象的事物采用编码方式转换成遗传中的染色体。编码方式有二进制编码、浮点数编码以及字符编码等，本书用的是浮点数编码，因为浮点数编码方式可以提升算法的精度和运算效率。

（2）选取初始种群

遗传算法和传统的算法一个主要区别是前者是从初始种群进化而来的。把待优化问题进行编码后，接下来就是建立初始种群。初始种群是算法开始的起点。它的选取通常遵循随机化原则，因为使用随机化概率的方式来选取初始种群，可以保证算法的性能。

（3）选择

选择是遗传算法中的关键步骤，是实施"优胜劣汰"的主要操作，它的基本思想是从父代中选择出优质个体，淘汰掉劣质个体。其目的是通过某种选择方法把选择出的优秀个体遗传到下一代，所以，确定合适的选择方法，是算法中比较重要的一环。选择操作是在适应度评估的基础上进行的。常用的选择方法有轮盘赌选择和最优保存策略。

轮盘赌选择方法又被称为比例选择法，它的基本思想是每个个体被选中的概率和它的适应度大小成正比例关系。

最优保存策略的基本思想是指当前种群中适应度值最高的个体不进行交叉和变异操作，而是用它来替换本代种群中已经进行交叉和变异的操作后所产生的那些适应度值最低的个体。最优保存策略可以看作是选择操作的其中一部分，它能确保算法的收敛性，把它和其他选择方法结合使用，可以取得良好的效果。它的具体操作过程为：

①找出当前种群适应度最高和最低的个体；

②如果当前种群中适应度最高的个体高于之前最优个体的适应度，那么用当前适应度最高的个体作为新的最优个体；

③用新的最优个体替换当代种群适应度最低的最差个体。

（4）交叉

交叉是指两个染色体上的基因按某种方式交换重组从而形成两个新个体。交叉在遗传算法中有着至关重要的作用，是新个体产生的主要操作。通过交叉操作，很大程度上可以提升算法的搜索能力。交叉方法有单点交叉、两点交叉、均匀交叉和算术交叉等。单点交叉是在个体的编码串中随机设定一个交叉点，然后在该点前或后两个个体的部分基因相互交换。它的基本流程为：首先对群体随机配对，随机设置交叉点位置，然后配对的染色体相互交换部分基因。

（5）变异

变异是个体染色体编码串上的某些基因值发生了变化，从而产生新的个体。变异主要是为了提升算法的局部搜索能力，以此来保证种群的多样性，避免算法过早收敛。常用的变异方法有均匀变异以及高斯变异等。简单介绍一下均匀变异方法。均匀变异是指用随机数以相对较小的概率来替换个体编码串中基因上原有的基因值，其中，随机数满足某一范围内的均匀分布，它的操作过程为：

①按照次序指定编码串中的每个基因座为变异点；

②所有的变异点以变异概率从对应基因的取值范围内选取一个随机数来替代原有的基因值。

（6）选取适应度函数

遗传算法中，需要一个准则来判定个体的优劣程度，我们把这个准则称为适应度函数。适应度函数是遗传操作进行的依据，它是根据求解的目标函数变换的，适应度函数总是非负的。在实际的应用中，适应度的大小作为我们判断个体是否保留的依据。

（7）设置停止条件

算法的停止条件为达到设置的种群的更迭代数，也就是算法的迭代次数。

（二）结合空间邻域信息的FCM算法

FCM算法在分割图像时，由于未考虑空间邻域信息，所以在分割时，特别容易受到噪声的影响，分割效果不是很理想。在算法的目标函数中添加空间邻域信息，能较好地解决噪声敏感问题，取得更优的分割效果。本书提出的改进算法是在添加了空间邻域信息的FCM算法的基础上利用遗传算法获得优化的初始聚类中心，避免算法陷入局部收敛。

1.FCM_S算法

FCM算法聚类时没有考虑任何有关空间信息的问题，因此有噪声敏感问题的存在，针对此问题，M.N.Ahmed等在FCM算法的目标函数中添加了空间邻域信息，提出FCM_S算法，该算法在很大程度上减小了噪声对图像聚类的影响，从而可以取得更好的结果。

比较FCM算法和FCM_S算法的目标函数式可以发现，后者对噪声的处理效果更好，因为在聚类过程中，后者不仅仅单一地只考虑图像的灰度信息，又增加了对邻域信息的考虑，因而FCM_S算法对图像中的孤立点和噪声有较好的处理效果，相比较于传统的FCM算法而言，该算法有明显的优势，使用此算法去分割图像，可以取得比传统FCM算法更好的效果。

2.FCM_S1算法和FCM_S2算法

FCM_S算法由于添加了空间邻域信息，增加了很大的计算量，每一次循环都要对空间邻域信息进行一次计算，耗费了大量时间，算法的运行效率也大幅度降低，虽然算法可以取得较好的分割效果，但是时间成本相应提高了很多。在预处理步骤中，如果采用的是均值滤波进行预处理则把它称为FCM_S1算法，如果采用的是中值滤波来进行预处理则被称为FCM_S2算法。

由于是使用滤波技术对FCM_S算法进行预处理，所以得到的FCM_S1算法和FCM_S2算法的抗噪性能有所保证，而且算法的效率也有所提升。FCM_S1算法使用的是均值滤波技术，可以很好地处理含高斯噪声的图像，然而对含椒盐噪声的图像的分割结果不是很理想。相比较而言，采用中值滤波思想的FCM_S2算法的抗噪性能要优于前者，它对含有椒盐噪声和高斯噪声的图像都可以很好地处理，尤其是对含有椒盐噪声的图像，分割效果更好。本书提出的改进算法是在FCM_S2算法的基础上利用遗传算法获得优化的初始聚类中心，避免算法陷入局部收敛。

（三）融合遗传算法的改进FCM算法

传统FCM算法是局部搜索优化算法，它的初始值直接影响着算法的效果；遗传算法由于它具有趋于全局最优的智能性，所以在很多方面都得到了有效运用。由遗传算法去优化FCM算法的初始值是可行的，它经过选择、交叉、变异等遗传操作，使算法一步一步趋于最优解，从而得到FCM算法优化的初始聚类中心。因此本节把遗传算法结合了空间邻域信息的FCM算法即FCM_S2算法融合，提出FCM的改进算法，该算法不但可以提升算法的全局寻优性能，避免局部收敛，而且还能提升算法的抗噪性。本书改进算法先由遗传算法获得优化初始聚类中心，然后再由FCM_S2算法进行融合聚类。

1.算法分析

（1）编码

编码是前提条件，编码方式的选择会对算法的最终结果有很大的影响。本书算法使用以聚类中心为基因的浮点数编码方式，可以拥有相对高的精度和相对大的搜索空间，全局搜索能力会更强，而且还可以提高算法的运算效率。浮点数编码指用某个范围内的一个浮点数表示个体的每一个基因值，每个决策变量编码为一个浮点数，浮点数串起来形成一个染色体，即个体（每条染色体代表一个个体）。FCM算法中的聚类中心就是决策变量，每一个聚类中心相当于个体上的一个基因，所以个体可以表示为h，是聚类的个数。

（2）初始化种群

本书采取随机初始化种群的方法，设随机生成N个个体作为初始种群。在本书算法中，随机生成N个个体的方法为：从N个样本中随机地来选择c个不同的样本向量，并把选择的样本向量级联合编码形成一条染色体，之后再这样操作N次，就会有N条染色体产生，即随机生成了N个个体。以这N个个体作为初始种群开始迭代。设置进化代数T，进化代数计数器t=0。

（3）适应度

适应度函数对于每个函数的标准不一样，但是仅对于FCM算法而言，它的目标函数值越小，那它的效果就越好。

（4）选择

为了保证种群中优秀个体不被遗传操作破坏，同时提高种群中最优个体的适应度值，所以本书使用轮盘赌选择和最优保存策略结合的方法来选择优秀个体遗传到下一代，以此来保证算法的全局收敛，具体过程如下：

①每代开始的时候，记录当代适应度值最高的最优个体；

②运用轮盘赌选择方法对所有个体进行选择操作；

③进行交叉和变异操作产生新的种群，计算新种群中各个体的适应度值，找到适应度值最低的最差个体，用①中记录的最优个体替换它，从而产生下一代的种群。

（5）交叉

交叉算子，可以解释为两个配对的染色体，以特有的方式交换一部分基因，以此来产生新个体。交叉是出现新个体的主要因素。

（6）变异

对于由浮点数编码方式所表示的个体，采用均匀变异算子，会取得较好的结果，所以，本书算法的变异操作，采用均匀变异的方式。

2.算法流程

本书算法针对传统FCM算法中存在的问题，由遗传算法优化初始聚类中心，然后通过FCM_S2算法来进行聚类，完成图像分割。根据前面的分析设计，本书算法的具体步骤如下：

Step1：初始化参数：聚类中心设为c个，MAX为种群的最大迭代次数，染色体编码，初始化种群，迭代次数t=0。

Step2：由式计算初始种群中各个个体的适应度值f（i），其中i=1，2，……N。把适应度函数值最大的个体，记为i'，相应的适应度函数值就表示为G_m。

Step3：如果t<MAX，则t=t+1，转至Step4，否则，转至Step6。

Step4：对种群进行遗传操作。

Step5：由遗传操作产生新种群，转至Step2。

Step6：输出i'，把i'中的c个数值解码作为模糊聚类的初始聚类中心V。

Step7：以$V^{(0)}$作为初始值，由式进行FCM_S2聚类，以隶属度为依据分割图像。

Step8：结束。

（四）结合三通道的改进FCM算法

用传统的FCM算法分割彩色图像时，算法易陷入局部收敛，同时也存在噪声鲁棒性差、分割效果不理想的问题。而且由于传统FCM算法分割彩色图像时，采用的是RGB色彩空间，RGB色彩空间是面向设备的空间，R、G、B三个分量的相关性很强，不适于三个分量独自运算，所以分割效果不是很好。因此本书把彩色图像从RGB颜色空间转换到Lab颜色空间中来进行彩色图像的分割，因为Lab颜色空间和设备无关，是最均匀的颜色空间，而且此空间颜色被设计为欧式距离，可以和FCM算法更好地结合运用。把上述改进算法应用推广到Lab颜色空间中进行彩色图像分割，改善传统FCM算法分割彩色图像所存在的问题。

传统彩色图像分割方法是整体对图像进行分割的，而本节采取分别在Lab空间的L、a、b三个通道上进行分割，然后再融合的方法。算法首先把彩色图像从RGB颜色空间转换为Lab颜色空间，然后分别在L、a、b三个通道上通过上述改进算法分割图像，即用遗传算法获得优化的初始聚类中心，再由FCM_S2算法进行聚类分割，得到三个初始分割结果。最后融合这三个通道的分割结果，获得最终的图像分割结果。

1.空间转换

由于RGB颜色空间不能直接转换为Lab颜色空间，所以首先把RGB颜色空间转换为XYZ颜色空间，然后再把XYZ颜色空间转换为Lab颜色空间。

2.初始分割结果

目标函数为式，设置聚类个数，用遗传算法优化获得聚类中心，FCM_S2聚类得到分割结果。下面以L通道为例：

Step1：设置聚类个数，用遗传算法获得初始聚类中心，设置模糊因子m=2，迭代次数l=0。

Step2：根据式更新隶属度矩阵$U^{(l+1)}$。

Step3：根据式更新聚类中心$V^{(l+1)}$。

Step4：若 $\| V^{(l+1)} - V^{(l)} \| < \varepsilon$，停止迭代，输出图像结果；否则，令l=l+1，转Step2。

同理，可以得到在a、b两个通道上的初始分割结果。

3.融合分割结果

直接对得到的三个初始分割图像中的各对应像素分别进行加权平均的简单处理，然后进行融合，得到最终的分割结果。记在L、a、b三个通道上得到的分割图像为L（m，n）、a（m，n）、b（m，n），图像大小为m×n，融合后的图像记为R（m，n）。遗传算法和添加了空间邻域信息的FCM算法（FCM_S2算法），之后提出了融合遗传算法和加入空间邻域信息的FCM算法，对算法进行了详细介绍。两种算法的融合可以在进行图像分割时取得较高质量的分割效果，鲁棒性也更强。最后提出了一种结合三通道改进的FCM算法的彩色图像分割方法，该方法首先把彩色图像从RGB颜色空间转换为Lab颜色空间，再利用遗传算法获得优化的初始聚类中心，分别在L、a、b三个通道上进行聚类，得到三个初始分割结果，然后再融合这三个通道的分割结果，获得最终的图像分割结果。

第四节　传统的特征提取方法

随着微电子、计算机、信息技术等学科的迅速发展和广泛应用，传感器技术也得到了快速发展，越来越多的应用系统配备了多个传感器以满足实际环境需要。因此，如何利用多个传感器所蕴含的丰富信息来确保系统更可靠、性能更卓越是摆在研究人员面前的一大任务。多传感器所蕴含的信息具有多样性、复杂性和冗余性，并且大多数应用环境需要对信息进行实时处理，单凭人是无法实现的，因此需要利用计算机进行计算，实现特征融合。所谓多传感器信息融合是指对来自多个传感器的信息进行多级别、多方面、多层次的处理与综合，从而获得更丰富、更精确、更可靠的有用信息。

多传感器图像特征融合是多传感器信息融合的一个分支。多传感器图像特征融合的主要思想是利用不同输入信道图像特征信息的冗余性和互补性，采用一定的特征提取方法，把两个或多个不同传感器图像进行特征提取和融合，从而使融合的目标特征向量能更全面地描述目标特征，进而提高目标识别系统的可靠性。例如，可见光传感器对图像的亮度变化敏感，能较好地显示对比度和纹理细节等，可以提取灰度图像的边缘纹理特征。红外传感器反映目标和场景的红外辐射特性，可以全天候监测，可以提取图像的形状特征。利用可见光和红外图像的互补性，分别提取同一场景可见光和红外图像的独有特征，得到一组目标融合特征量，进一步进行目标分类或识别。

随着科技发展，多传感器应用越来越多，是未来发展的趋势。而目标识别是多传感器应用的重要领域。特征提取是目标识别的关键技术，对目标能否有效识别起决定性作用。无论采用什么融合算法进行自动目标识别，特征提取是关键。目标的特征是目标所具有的最基本的内容，是该目标特有的、用于区别于其他类型目标的最本质的属性。在实际目标识别应用系统中，如何使目标特征化、提取能够全面描述目标的特征是实现实时、准确目标识别的关键所在。作为目标识别的关键步骤，特征提取的目的是获取一组能准确描述目标的"少而精"的分类特征向量，通过对图像目标的特征提取，可以有效地减少冗余信息，减少系统的计算量，从而增强识别系统的可靠性。

在现有的目标识别系统中，常用的特征有角点特征、矩特征、纹理特征、变换特征、统计性特征等。

一、角点特征

在形状分析中，目标轮廓上的角点是形状常用的特征。相对于其他特征量而言，角点特征不受目标遮挡、缺损的影响，因此角点特征在目标识别中非常重要。然而，角点的定义一直很模糊，近年来学者提出了许多角点检测算法，如Kitchen发现以局部梯度乘以梯度方向的变化可以很好地提取角点。Harris和Stephens采用了相同的思想对Moravec算子进行改进，提出了著名的Plessey角点提取算子。Smith和Brady提出了一种完全不同的角点提取方法，即"SUSAN（Smallest Univalue Segment Assimilating Nucleus）"提取算子。SUSAN提取算子的基本原理是，与每一图像点相关的局部区域具有相同的亮度。

在目标识别中，角点特征应用广泛。卢汉清等人把形心到相邻两角点的直线所成的夹角作为特征量用于目标识别。ShutalLi等人把角点与线矩融合用于缺损目标识别，有较高的识别率。由于检测角点时容易出现漏检，通常利用角点和其他特征相结合，可以取得较好的识别效果。曹健等人提出了一种不变性的角点构造方法，用于目标识别中。

二、矩特征

矩特征主要表征了图像区域的几何特征,又称为几何矩。矩特征被广泛应用于图像识别、模式识别等方面。矩信息包含了对应图像不同类型的几何特征,如大小、形状、角度、位置等,一个轮廓矩代表一个轮廓、一幅图像、一组点集的全局特征。

三、纹理特征

图像的纹理是图像像素值在灰度空间上的重复和变化,或是反复出现的局部纹理模式及其排列规则。纹理特征是图像的最基本特征,并在视觉系统起着关键作用,为图像理解和分析提供了重要信息。

四、变换特征

图像变换特征就是首先把图像变换成频域,利用频域中变换系数中的相关性来识别目标。在图像有随机噪声时,不影响变换特征的分类效果,较为常用的傅里叶变换就是用的图像频谱特征。

五、统计性特征

基于统计参数特征的目标识别是将一幅图像看成是一个二维随机过程的一次实现,这样便可以使用各种统计参数来描述图像的特征,这些统计参数有均值、方差、能量、熵等特征量。Haraliek等用灰度共生矩阵纹理特征对遥感图像进行分类研究,并获得了大约80%的分类精度。目前国内外计算机视觉、模式识别与人工智能等领域都对图像的目标特征提取及其应用进行了深入研究,并取得了快速发展,一些成果已具备初步的实用价值。随着遗传算法、神经网络、形态学、统计学、小波理论等深入研究广泛应用,图像目标特征提取发展趋势如下:

多种特征融合。除了利用图像的原始灰度特征外,还可利用图像的高层次特征,如视觉特征、统计特征、变换系数特征等,通过多种特征的融合,能够更全面地描述图像目标,提取的特征更准确。多特征融合已得到广泛应用。例如,张建军等人把小波能量信息特征与图像矩特征结合起来,用于制导武器红外图像的目标识别,结果表明,有较高使用价值,将基于显著性特征提取的目标识别方法与序贯融合方法相结合，用于飞机目标识别。

多种提取方法结合。由于目标的多样性和复杂性，单一的特征提取方法难以对含复杂目标的图像进行提取。在这种情况下，除需要利用多种特征的融合外，还需要将多种提取方法结合使用，使提取方法充分发挥各自的优势，避免各自的劣势。比如于吉红等人把部分 Hu 矩、仿射矩和小波矩组合在一起，用于舰船图像目标的分类识别，提高了识别率。张劲锋等人把 Hu 不变矩的部分分量和仿射不变矩结合成新的特征向量，用于空间目标的识别。

多种传感器融合。由于不同传感器描述目标的多样性，采用单一传感器不能全面、准确描述目标，需要利用多种传感器的互补特性，提取目标的不同特征，进行多传感器特征融合，全面描述目标特征，提高识别系统的鲁棒性和识别率。例如，熊大容等人利用红外和可见光的互补优势，对远距离的目标进行检测，增强了系统的可靠性。凌虎等人分别提取不同传感器的轮廓特征，融合在一起用于目标检测。

与图像分割方法相适应。由于图像目标的多样性和各种应用需求的复杂性，图像的特征提取应与图像的分割方法相结合，特定的提取方法选择特定的分割方法，来获得最好的图像识别结果。

由于图像目标特征的复杂性和多样性与图像分割相对应，现有的方法不能满足实际要求，一些根本问题有待进一步研究，还没有统一的应用所有模式识别的特征提取方法。虽然各种特征提取方法在提取能力和处理速度方面各有优势，但是在通用性、性能、准确率、自动化程度方面还有很多不足。因此，对于图像目标特征提取方法的研究需要付出更多努力和关注。

六、一般传统的特征提取方法

由于目标的多样性及其复杂性，使得寻找具有准确、全面描述目标特征信息和具有良好分类性能的图像目标特征以及提取这些特征就成为解决图像目标识别问题的关键。一般来说，不同的传感器使用不同的特征描述，特征提取方法也不相同。特征提取与选择就是对于预处理后的图像目标数据进行降维处理、去粗取精的过程。由于原始图像数据量相当大，为了快速计算出目标识别结果，减少计算量，必须把这些数据转换为若干个特征量，称为特征提取。为了提高识别的速度和精度，对提取的特征还必须进行降维，选择信息冗余度较小的特征量，并且具有比例、旋转和位移不变性等特性，增强提取方法的鲁棒性。

在提取目标特征时，提取的目标特征要尽可能地反映目标重要的、本原的特性。重要特征是指以它们作为特征分量能实现同类目标聚集、异类目标分散。本原特征是指特征绝对性强，尽可能地不依赖于提取目标特征时的条件和环境。这两个特征也就是要求所提取的特征量在同一类型目标上具有唯一性和稳定性，不同类型目标之间具有可区分性。特征提取和选择是目标识别的核心，也是识别分类器能准确识别目标的前提。保证所提取的目标的特征量稳定、可靠和实用是整个识别算法取得成功的关键。

（一）经典的特征提取方法

图像的二维特征有形状、区域和纹理等特征。不同特征描述具有不同的提取算法。

1.形状特征

形状特征指图像中目标的几何特征，根据几何形状分为线形特征和块状特征。

（1）周长、长宽比、复杂度、面积，目标长宽比是目标最小外接矩形的长度和宽度之比，它可以把不同几何形状的物体区分开来，比如长方形和正方形。假设目标的最小外界矩形长为L，宽为W，长宽比为$\psi=L/W$，目标周长是指目标边界的长度，而面积是目标区域的像素总数。利用图像目标的面积和周长可简单且有效地把复杂与简单形状的物体区别开来。设目标周长为C，面积为S。

目标形状的复杂度是目标周长的2次方和面积的比值，目标形状越复杂，则相同面积目标的边缘长度就越长。公式可以证明，这种目标复杂度特征定义与场景到镜头的距离无关，不失一般性。

假定目标在横坐标和纵坐标方向上进行了缩放因子为k的平移，那么目标的面积变为原来的1/k，周长变为原先的1/h，代入上式，形状复杂度不变。

（2）矩特征

图像矩特征是由下式所定义的M（p，q）决定的式中，{f_{ij}}是在目标区域内设为1、外设为0的二值化图像。由（p，q）值决定各种特征向量，常用的特征有主轴、重心等。

（3）傅里叶描述

在分析图像目标形状时，首先跟踪目标边界线，并把对应的封闭曲线展开为傅里叶级数，用展开的系数表示目标形状特征。除以上特征外，一些具有连通性的特征参数，如欧拉数、孔数、连接成分数等，也可用于表示图形特征。

2.区域分割

区域分割是把图像对象物区域从背景中分割出来。最简单的方法就是把图像进行二值化处理，关键在于阈值的选取。较复杂的分割方法有：

（1）区域扩张法

区域扩张法就是把图像进行小区域分类，根据小区域的特征相似性，把图像分割成特征相似的连续区域群。根据区域形成过程的不同，又可分为合并、像素结合等方法。合并法的基本原理是把图像分割为NR×N的子区域，通过研究邻接小区域的相似性，合并相似性较高的区域，反复进行，直到不能合并为止。

（2）聚类算法

该方法就是把像素作为一种模式，然后利用模式识别的理论进行区域分类。首先把图像像素变换到特征空间，然后利用分类法进行像素分类。在实际中，常用小区域来代替像素，有时用一维投影代替多维特征来进行目标区域分割。

3.一般传统纹理特征

纹理是区域具有的典型特征之一。常用的特征有：

（1）直方图特征

直方图特征是纹理区域的灰度直方图、方差和平均值等。但直方图并不能得到纹理的二维灰度的变化情况。通常需要进一步处理，可以与其他特征相结合，作为识别的特征。例如可以用二维统计量、能量、惯性矩等特征量识别目标。

（2）傅里叶特征

纹理特征不仅可以在空域中描述，还可以在频域求得。首先计算出图像$f(x,y)$傅里叶变换$F(x,y)$的功率谱$P(u,v)$，转换成极坐标为$p(r,0)$，再求出式中，0表示$P(u,v)$的大小，于是可用$p(r)$和$q(0)$的波峰的大小和位置，$p(r)$和$q(0)$的方差和平均值作为纹理特征。通常图像有多个纹理区域，要想获得纹理特征，必须进行纹理分割。可以使用直方图分割法，也可以进行边缘检测。边缘检测法就是图像目标相邻像素急剧变化，可以用边缘检测算子检测，算子可分为两大类：一次微分得到的，如Roberts算子、Sobel算子、Prewitt算子等；二次微分得到的，如拉普拉斯算子、高斯–拉普拉斯算子。

（二）仿射不变矩的构造

Hu提出的不变矩具有平移、尺度和旋转不变性，但当由于拍摄角度不同，图像出现扭曲等变形时，这三个不变性并不能满足要求，因此需要构造一种目标发生扭曲、拉伸等仿射变换条件下的不变矩特征。此特征能用于不同拍摄角度下目标的识别。仿射变换是一种典型的线性变换，它是通过不同的线性变换进行构造的，设尺度、平移、伸缩、旋转和扭曲五个变换是仿射变换中的特例。由仿射变换可知，如果一个特征量，在尺度、平移、伸缩、旋转和扭曲变换条件下仍然不发生变换，那么我们就认为该特征量是仿射不变量。

由前面的内容可知，归一化中心具有比例、平移和旋转不变性。若利用归一化中心矩来构造仿射不变矩，只需要满足扭曲和拉伸不变性，就可达到仿射变换不变性。我们可以构造中心矩多项式，来抵消仿射变换矩阵A，就可满足常用的仿射不变性。构造多项式的方法有配极多项式、Hankel行列式、多项式判别式等方法。采用Jan Flusser等人构造的6个仿射不变矩，作为目标图像的特征不变量，进行目标识别。

$I_1=(u_{20}u_{20}-u^2_{11})/u^4_{00}$,

$I_2=(u^2_{30}u^2_{03}-6u_{30}u_{03}u_{21}u_{12}+4u_{03}u^3_{21}+4u_{30}u^3_{12})/u^{10}_{00}$,

$I_3=(u_{20}(u_{21}u_{03}-u^2_{12})-u_{11}(u_{30}u_{03}-u_{21}u_{12})+u_{02}(u_{21}u_{30}-u^2_{21}))/u^7_{00}$,

$I_4=(u^3_{20}u^2_{30}-6u^2_{20}u_{11}u_{12}u_{03}-6u^2_{20}u_{02}u_{21}u_{03}+9u^2_{20}u_{03}u^2_{20}+12u_{20}u^2_{11}u_{21}u_{03}+6u_{20}u_{11}u_{02}u_{30}u_{03}-18u_{20}u_{11}u_{02}u_{21}u_{12}-8u^3_{11}u_{03}u_{30}-6u_{20}u^2_{02}u_{30}u_{12}+9u_{20}u^2_{02}u^2_{21}+12u^2_{11}u_{02}u_{30}u_{12}-6u_{11}u^2_{02}u_{30}u_{21}+u^3_{02}u^2_{03})/u^{11}_{00}$,

$I_5=(u_{40}u_{04}-4u_{13}u_{31}+3u^2_{22})/u^6_{00}$,

$I_6=(u_{04}u_{22}u_{40}+2u_{13}u_{22}u_{31}-u_{04}u^2_{31}-u_{40}u^2_{13}-u^3_{22})/u^9_{00}$。

（三）共生矩阵

纹理反映的是图像的空间分布、灰度统计和结构信息。它是由一定大小和形状的像素集合组成的，是所有图像都具有的特性。纹理特征提取是指通过检测算法，检测出纹理基元并建立纹理模型，最终用特征量来描述。灰度共生矩阵是典型的纹理特征提取方法。它由两个位置像素的联合概率密度来定义，反映像素亮度特性及其像素之间位置关系。

共生矩阵表示像素空间的关系和依赖程度。设灰度共生矩阵中某一元素（i，j）的灰度值为i，另一个元素的灰度值为j，它们之间的距离为d，方向为θ，那么共生矩阵的值就是满足以上条件像素的个数。实际中，θ一般选为0°、45°、90°、135°。图像的灰度级一般为256，实际计算中远小于它。因为若矩阵维数过大，窗口较小，那么共生矩阵表示纹理的效果不好；若窗口较大，维数小，这样大大增加计算量，降低了实时性。所以在计算时，首先需要降低维数或减小灰度级。设数字图像f（x，y）的大小为M×N，灰度级为N_g，则灰度共生矩阵为P（i，j）=#{（x，y），（x_2，y_2）∈ M×N|f（x_1，y_1）=i，f（x_2，y_2）=j}式中，#（x）表示集合x中的元素个数，显然P为$N_g × N_g$的矩阵，若（x_1，y_1）与（x_2，y_2）间距离为d，并与横轴的夹角为θ，则可得任何间距和角度的共生矩阵P（i，j，d，θ）。

七、低层特征提取分析

低层特征主要是对图像中的内容进行描述，比如颜色、亮度、纹理、形状、像素空间分布等属性。图像处理与模式识别已经发展了几十年，也提出了许多基于人工设计的低层特征。常见的低层特征有颜色直方图、Haar-like特征、GIST特征、Gabor特征、局部二值模式（LBP）、梯度方向直方图（HOG）以及基于兴趣点检测的局部描述子等。

颜色特征具有表达直观性、易提取、尺度变化不敏感性以及计算量少等优点。RGB与HLS是较为常用的颜色特征空间。Haar-like特征反映了图像的灰度变化，最典型的例子就是Viola和Jones将Haar-like特征应用于实时人脸检测。GIST特征描述了图像的全局空间结构信息，但忽略了图像的细节纹理结构。在一些室外场景的图像分类中，GIST特征可以获得不错的性能，但对室内场景的分类性能却表现较差。Gabor与LBP特征常用于描述图像的纹理并反映图像中的同质现象与内在特性。Gabor小波对图像的光照变化具有不敏感的特点，可以在不同方向、不同尺度上对图像进行描述，使得Gabor小波被广泛应用于纹理表示、人脸识别等领域。比如，Manjunathi与Ma利用Gabor小波对图像进行卷积滤波，将每一幅滤波特征图的均值与方差作为图像的纹理特征。

Yang与Newsam也采用了Gabor小波结合均值与方差统计的方式分析遥感场景图像的纹理表示。Wiskott等人在Gabor小波的基础上提出了EBGM并应用于人脸识别，EBGM采用了标签图的描述方式，标签图中的每一个节点包含了一系列的Gabor系数。LBP特征是一种用于描述图像纹理的算子，该算子衡量了图像中每个中心像素点与邻近像素点之间的关系，具有简单、高效、易实现的优点。LBP带动了纹理表示的研究热潮，尤其是人脸的局部纹理描述，相应地，也发展了许多关于LBP的变种方法。比如，Tan与Triggs提出了LTP，LTP比LBP更具判别力并且对图像噪声不敏感；Hussian等人采用矢量量化与查找表，提出了另一种LBP的变种算子LQP，LQP使得局部特征模式的提取可以包含更多的像素数与量化级别；Rivera等人提出了LDN并用于编码人脸纹理的方向信息。

HOG是一种用于描述目标形状的特征，它可以获得目标在几何与光照变化下的稳健描述，HOG的核心是目标的局部外观变化能够有效地被图像梯度方向的分布所描述。Dalal与riggs提出了利用HOG特征进行行人检测，在目标检测领域获得了极大的成功。在Felzenszwalb等人提出的形变部件模型中，其底层特征也同样采用了HOG。基于兴趣点检测的局部描述子包含兴趣点检测与兴趣点描述两个步骤。常用的兴趣点检测方法有DOG，Harris，Hessian等等，可参考兴趣点检测的综述文献。除了兴趣点检测，也可以采用稠密提取的方式来获得图像中的感兴趣区域。常用的兴趣点（或感兴趣区域）描述方法有Lowe提出的SIFT特征。本质上，SIFT特征是基于图像梯度方向直方图的描述。

在SIFT基础上，也发展了一系列类似的局部描述方法，如降低描述子向量维度的PCA-SIFT，改进兴趣点邻域空间划分GLOH，加速SIFT特征提取与匹配效率的SURF等等，可参考相关的最新研究进展。除了人工设计的低层特征，也有采用特征学习的方式来获得低层特征的图像表示方法，比如学习卷积核。典型的代表是斯坦福大学Coates等人提出的基于单层网络结构的无监督特征学习框架，该框架包括特征学习、特征提取与监督分类三个阶段。在特征学习阶段，首先从无标签的图像数据中随机采集大量的局部图像块，然后利用无监督聚类学习大量的感受野（或卷积核）。在特征提取阶段，首先按照一定的规则对输入图像进行卷积提取，然后结合特征池化操作获得低维的全局图像表示。上述过程中，感受野学习是整个框架的核心。

感受野学习的方式有许多种，比如k-means，稀疏编码，稀疏受限玻尔兹曼机，稀疏滤波等等。除了无监督特征学习，Kumar等人利用Volterra理论提出了一种基于监督训练的卷积核学习，该方法的学习过程是以训练样本之间的L2距离为相似性度量准则。首先，建立一个最优化的目标函数，使得类内样本的L2距离最小并且类间样本的L2距离最大，这样的优化目标有利于模式分类问题；然后，将目标函数的求解过程转换为通用的特征值与特征向量的求解，进而得到具判别力的卷积核。人工设计的特征大多是根据视觉系统对什么类型的特征敏感，来设计相关的颜色、形状或者纹理特征。然而，目前多数一流的特征提取方法都采用层次性的线性与非线性变换来模拟视觉系统的信息处理机制，比如深度学习的卷积、池化与归一化操作，扮演着近年来模式识别领域最为重要的角色之一。虽然深度学习描述了图像从低层到高层的抽象表示过程，但不一定在一些中小型数据集上非常有效，这使得低层特征描述仍然是一个重要的突破点，而采用更加符合视觉信息处理机制的皮层操作来设计特征则是一个更加值得研究的方向。另外，在单层网络结构下，Coates等人指出，当学习的特征数量越多，图像表达能力越强。但是，特征表示的维度与冗余度也大大地增加，如何有效地降低特征表示的维度也是一个亟待解决的问题。

八、中层特征提取分析

低层特征提取大多是基于图像局部空间结构的描述，其泛化性能往往比较差，并且无法有效地描述如包含多种不同类型目标在内的场景图像。中层特征指的是对低层特征进行矢量量化或编码，与低层特征相比，中层特征具有更好的语义描述能力。词包模型（BOW）是一种最为典型的中层特征表示方法，BOW将图像看作是一些基本特征的集合，通过对这些特征进行聚类，从而生成视觉词典，进而实现图像的特征统计与表达。Csurka等人首次将词包模型应用于图像的分类问题中，通过把场景图像中的图像块对应为文本中的单词，实现场景图像的词包模型表示。BOW的优点是无需分析图像内部的具体目标组成，只需根据场景的低层特征建立视觉单词，然后利用相关模型来分析图像中所包含的内容。在过去的十几年中，研究者们对词包模型进行了广泛的深入研究，并从图像块的划分、局部特征提取、视觉单词的构造、特征编码方法等多个方面进行了大量的分析。比如，Sivic等人提出了双峰视觉单词，以将成对出现的视觉单词定义为同一个单词，进而反映这两个视觉单词的相关性。这种方法主要是针对图像目标的分类，而在场景图像分类中并没有得到广泛的使用。

Yang与Newsam研究了SIFT描述子结合BOW模型应用于遥感场景图像分类的问题，获得了很好的分类性能。一些典型的概率生成模型，如概率潜在语义模型和潜在狄利克雷模型，也相继地应用于BOW的研究中。概率生成模型方法的优点是可以很好地实现视觉单词的二次抽象，缺点是算法的复杂度比较高。由于BOW是对图像提取的所有局部描述子进行统计分布并生成全局表示，这样的全局表示容易丢失图像的细节信息。因此，Lazebnik在BOW的基础上提出了空间金字塔匹配（SPM）模型。SPM可以在不同尺度上统计图像特征的分布，进而有效地描述图像细节。

Kobayashi在SIFT特征的基础上提出了Dirichlet Fisher核方法以增强图像表示的可区分性。VLAD与Fisher vector的提出，在中层特征表示中得到了非常广泛的应用。VLAD可认为是传统的BOW与Fisher vector的折中。

BOW是对图像的低层描述子进行k-means聚类并采用与描述子最近的聚类中心进行编码表示。VLAD与BOW类似，只考虑了离描述子最近的聚类中心，但VLAD也保存了每个描述子到最近邻聚类中心的距离。相比之下，Fisher vector采用了GMM方法来对描述子聚类，GMM也考虑了描述子到每个聚类中心的距离。与BOW相比，VLAD与Fisher vector对图像的局部细节刻画更加细致。此外，在词包模型框架下，也有一些其他的相关研究，如怎样进行有效的词典学习等。视觉词典的构建是中层特征编码中非常重要的一部分，好的视觉词典是建立在可区分性较强的低层特征基础之上，低层特征提取的好坏决定了中层特征的表达能力。大多数中层特征编码方法采用的是形状特征。然而，单一的特征线索常常难以描述内容丰富的图像，并且，多数中层特征编码方法对图像仿射形变的抗干扰性也较差，其主要原因也是因为低层表示不具有仿射不变性。因此，从图像的多种特征线索与仿射不变性描述的角度，开展从低层提取到中层表示的特征提取研究，是缩短语义鸿沟的一条有效途径。

九、深度特征提取分析

深度学习是目前最流行的一类机器学习方法，它源于Hinton在Science杂志上发表的一篇利用神经网络对数据进行降维的研究论文，该论文主要有两个观点：（1）多隐层的人工神经网络可以对数据进行更加本质的描述，具有比较优异的特征学习能力；（2）深度神经网络在训练上的难度可以通过"逐层初始化"的方式来克服，而"逐层初始化"则是通过无监督的学习方式来实现。来自斯坦福大学、普林斯顿大学以及哥伦比亚大学的研究者们启动了ImageNet大规模视觉识别挑战赛，ILSVRC使用了ImageNet中的1000个图像类别，每种类别约包含1000幅图像，共120万幅训练图像，5万幅验证图像和15万幅测试图像。Krizhevsky等人提出的深度卷积神经网络在ILSVRC上获得了15.3%的错误率，比当年的第二名方法（采用SIFT特征结合Fisher vector编码，错误率为26.2%）降低了约10个百分点，从而奠定了CNN在图像识别领域的重要地位。CNN在ImageNet上的大获成功，使其对计算机视觉领域的各个分支如图像分类、目标检测、人脸识别和场景语义分割等都产生了重要影响。比如，Ross Girshick等人在AlexNet的基础上，开创性地提出了R-CNN模型并应用于目标检测。R-CNN采用了在ImageNet上预训练好的AlexNet模型并结合目标数据集对网络模型进行微调学习，以提取更具判别力的目标特征。

CNN以卷积、特征池化、归一化作为神经网络的最基本操作，是机器学习领域最热门的研究方向之一，由此也发展了一系列的开源框架与网络模型。典型的开源框架有CaffeNet、MatConvNet等，典型的CNN模型有VGGNet、VGG-VD、GoogLeNet、OverFeat、PCANet、DCTNet等等。CaffeNet是伯克利大学视觉与学习中心发布的一个清晰而高效的深度学习框架，具有上手快、速度快、模块化、开放性等优点，因而受到了非常广泛的关注。Mat ConvNet是牛津大学视觉几何组（VGG）发布的用于计算机视觉领域的卷积神经网络MATLAB工具箱，为研究人员提供了一个友好和高效的开发环境。MatConvNet可以学习许多类型的深度网络结构，如AlexNet等，相关网络结构的预训练模型可从其主页下载。 Chatfield等人对比分析了在速度与精度之间折中的VGG-F，VGG-M与VGG-S三种类型的VGGNet网络。VGG-F的优点是速度快，但与计算效率较低的VGG-S相比，精度上存在劣势。

Simonyan与Zisserman提出了一种比较深的CNN结构VGG-VD，分为VGG-VD16与VGG-VD19两种，其中VGG-VD16包含13个卷积层与3个全连接层，而VGG-VD19包含16个卷积层与3个全连接层。与AlexNet、VGGNet等模型相比，VGG-VD在精度上存在优势，但由于卷积层数较多，导致VGG-VD的计算效率相对较低。在VGG-VD的基础上，也发展了如VGG-Face应用于人脸表示的深度网络模型。GoogLeNet是一个为了提升计算资源的利用率，在保持网络计算资源不变的前提下，通过增加网络的宽度和深度而设计的CNN模型。GoogLeNet模型包含22层，比AlexNet模型参数少了12倍，但图像识别的准确率更高，因而也获得了ILSVRC比赛的冠军。OverFeat包含精确版和快速版两个网络结构，精确版的网络结构较大，计算速度慢，但精度高；快速版的网络结构较小，计算速度快，但精度低。

尽管OverFeat采用了与AlexNet类似的ReLU激活和最大池化，但是OverFeat没有采用局部响应归一化与重叠池化操作。PCANet是一个比较简单的深度学习框架，主要由主成分分析（PCA）、二值化哈希编码和分块直方图等几种基本的数据处理方法构成。在这个框架中，首先采用PCA来学习多层滤波器核，然后使用二值化哈希编码以及块直方图特征进行下采样和编码。多层滤波器核的学习也可以通过随机初始化与线性判别分析（LDA）来获得，进而形成PCANet的变种模型RandNet与LDANet。由于PCANet对数据具有依赖性，Ng与Teoh又进一步提出了DCTNet模型，DCTNet具有数据独立的优点，它采用了离散余弦变换来替代PCA学习卷积核的过程。另外，随着深度学习的高速发展，一些开源深度学习框架开放了许多在大型数据集如ImageNet上预训练好的CNN模型，这些模型具有良好的通用特性。如何更加有效地利用这些预训练模型，比如将具有互补性的模型进行组合、深度特征的低维表示，是获得高精度图像识别性能需要进一步深入研究的问题之一。

十、神经元群编解码特征提取分析

率编码与时态编码是两种最常见的编码方式，大多数对神经网络的研究都是基于神经元的率编码模型。为了模拟神经元群的时态编码，Verschure及其同事率先提出了时态神经元群编码（TPC）。该编码模型采用二维空间上稠密分布的Integrate-and-Fire（IF）神经元，构造了一种无需训练的网络模型，以模拟邻近神经元之间延时兴奋传递的脉冲编码过程。TPC应用于图像表示时，模型输出的时态特征（脉冲模式）具有平移不变性，该模型已初步应用于人工生成的二值图像目标、手写字符识别、人脸识别等。

虽然TPC编码输出的时态特征具有不变性，但由于时态特征的计算是统计神经元群在每个时刻的脉冲发放总数（或称全局池化），这样容易丢失脉冲输出模式的空间结构，从而导致TPC在目标表达的模式上比较有限。在TPC的基础上，也发展了一些典型的解码方法，比如液体状态机（LSM）与Haar小波解码。LSM解码对噪声比较敏感并且需要大量额外的神经元参与，并且，LSM也具有较强的参数依赖性与计算耗时性，使得该解码方法并没有被广泛地采用。Andre Luvizotto等人提出的Haar小波解码为TPC提供了一种从时态域到空间域的无监督解码策略。Haar小波解码是对TPC输出的时态特征进行不同频率带与分辨率的分解。但是，由于Haar小波解码的TPC时态特征经过了全局池化处理，使得这样的解码过程也忽略了神经元群脉冲发放模式的空间分布。

第五节　红外和可见光图像特征提取和融合

一、多传感器特征提取

多传感器图像融合是多传感器数据融合中的一个重要内容。图像融合是指对多个传感器同一时间获取的关于某一具体场景的图像进行特征提取和融合，融合后的特征能更全面、准确地描述目标特征，这是单一的传感器不可比拟的。图像融合的目的是获取同一场景目标的更加准确、全面和可靠的特征。

多传感器能够提供互补的信息，利用这些互补信息，可提高多传感器系统的可靠性，使得对某一传感器的依赖性降低。由于在实际应用中，环境和气候经常发生变化，这时我们可以发挥各个传感器的优势，结合多种传感器用于进行目标检测和识别。比如，当光照受雨、云、雾、烟等条件限制或光照强度较低时，可见光传感器很难探测到目标，这时可以利用具有较强穿透力的毫米波雷达进行探测，尽管图像信号的衰减较严重，但勉强可以看到目标。当环境和目标的温差差别较大时，可以利用红外传感器的热辐射特性来辨识目标，而可见光传感器能获取包含丰富的形状和彩色等的图像细节信息，可以清楚地看到目标的精细特征。

特征级的图像融合指中间层次的融合方法。它首先利用各个传感器的特点，分别提取出同一场景的不同的或相同的特征，如目标形状、轮廓、边缘纹理等典型的目标特征，然后利用某些融合算法，把这些特征进行组合，组合特征能更全面、准确地描述目标特征，最后对融合后的特征进行目标分类识别。特征级融合包括图像分割、特征提取和特征层信息融合，用于后续的目标分类识别。目前常用的特征级的图像融合方法主要有：神经网络方法、Dempster-Shafer推理方法、聚类分析方法、信息熵方法、贝叶斯估计方法、表决方法及加权平均法。

可见光传感器和红外传感器是两种常用的图像传感器，它们的性能和工作机理有很大差异。红外传感器获取的图像为目标和场景的红外辐射特性，记录的是背景与目标的红外辐射强度信息。由于红外传感器反映的是背景与目标间的热辐射能量大小，一般目标热辐射能量强，在图像中显示较亮，因此在检测目标方面有很大优势，但其对场景的亮度变化并不敏感，成像的清晰度比较低，不能用于提取目标的细节特征；可见光传感器对目标和场景的反射较敏感，能够获取目标和场景的细节信息，可以用于提取目标的细节纹理特征，但对目标和场景的热对比度不敏感，很难获取目标的空间位置和结构信息。

二、目标区域分割和检测

由红外和可见光传感器的成像图像特点可知，红外图像具有较强的目标位置的检测能力，而可见光图像对目标的细节信息把握较强，因此，可以结合两种传感器的优势，对地面目标进行检测和特征提取，用于分类识别系统中。

首先，利用红外传感器检测出目标区域，这里计算目标的最小外接矩形，然后把目标区域映射到可见光图像中，确定可见光图像的目标区域，再对目标区域分别进行特征提取，由于红外图像的结构特征较明显，先对红外图像进行二值化处理，对处理后的图像进行形状矩特征提取；对于可见光图像，能够很好地反映图像的细节信息，先对目标区域进行边缘检测，而后对检测后的图像进行边缘特征提取。最后对不同传感器提取的特征进行特征融合，利用融合后的特征进行目标分类识别。

（一）红外图像的区域分割

从红外图像的灰度分析，感兴趣目标区域与背景中的路面的灰度相差不很明显，如果采用简单的阈值分割算法，若选取的阈值过低，则路面会被看成感兴趣目标而被分割出来，不仅提高了目标的虚警率，而且使后续特征提取的计算量也大大增加；若选取的阈值过高，则分割后目标区域过小，这样映射到可见光图像中，目标的轮廓特征丢失，这样提取的目标特征不准确。因此，采用区域生长的图像分割方法对图像中感兴趣区域进行分割。区域生长法是一种基于某个或某些区域的串行图像分割技术，基本思想是把具有相似灰度级像素集合在一起构成目标区域。首先在要分割的目标区域找一个种子像素点，把该点作为区域生长的起点，然后按照一定的规则，把种子像素周围邻域中像素点与种子像素进行比较，若相同或相近则把该点合并到种子像素所在的区域；依次进行比较，直到不能找到满足条件的像素点为止。这样就得到目标区域。区域生长法的3个重要因素包括：

1.确定能正确代表所需区域的种子像素。

2.制定在生长过程中能将相邻像素包含进来的准则。

3.指定让生长条件停止的条件或规则。

种子像素点选取可根据具体问题进行分析而定。由于红外图像的目标辐射较大，可以选择图像中最亮（灰度级最大）的像素点为种子像素。生长准则的选取与具体问题本身无关，是由所用的图像数据决定的。

本书采用的区域生长法的选取准则如下：

（1）种子像素点的选取：选取图像中灰度最亮点作为种子像素点。为了避免将强背景噪声选为种子像素点，在选点之前，对原红外图像进行平滑处理。平滑处理选取的模板为1/4{{0，1，0}{1，0，1}{0，1，0}}。

（2）生长准则的确定：根据红外图像灰度分布的特点，采用基于区域灰度差的生长准则，即在种子像素点的八邻域内的像素。

（3）生长方式的确定：以像素作为基本单位逐行扫描进行操作。

采用区域生长的图像分割算法，不仅避免了采用直方图统计阈值分割方法需要复杂的处理步骤，而且还避免了采用全局阈值分割图像时引入背景噪声的问题。这样提取的目标感兴趣区域更准确。

（二）红外光与可见光图像融合原理

可见光成像传感器与红外成像传感器是根据不同的机理成像的。前者主要是根据物体的光谱反射特性成像，而后者主要是根据物体的热辐射特性成像。因而，通常可见光图像很好地描述了场景信息，而红外图像很好地给出了目标的存在特性。

红外光图像与可见光图像的特点：红外光图像的分辨率比较低，只能看到轮廓，细节部分有所缺失，但是有热源的地方灰度值会比较高，而且越亮的部分表示物体辐射的热量越多，即使被云雾遮挡，也能体现出来；可见光图像分辨率较高，与红外光图像相比可见光图像更加清晰，细节更加丰富，缺点是物体容易被云雾遮挡。因此可以发现，以上两种图像各有优缺点，能够提供互补信息，融合后的图像可以使信息更加详尽丰富，更加可靠，即使在外界条件很恶劣的情况下，也可以得到比较完整的信息。这种融合信息在军事、安检等方面有着极为广泛的应用。

图像融合是一个正在快速兴起、并有广泛应用范围的新兴领域。由于目前光学镜头的客观限制，拍摄的图片只能部分聚焦，即聚焦部分图像清晰，其余部分则较为模糊，这样的图像十分不利于人眼观察和计算机进行进一步处理，因此多聚焦图像融合技术是一个亟待解决的问题。对多幅不同聚焦点的源图像，通过图像的融合算法，综合各幅源图像中的有用信息，得到一幅各部分都清晰的融合图像。

融合算法主观评价良好，并在空间频率、信息熵、互信息和平均梯度等方面都优于之前的融合方法，验证了多源图像融合方法中的优越性。融合方法的可行性通过实验进行了验证，但是研究仍有一些不足，希望能够在以后的研究中进行改进：

1.在进行融合时考虑了邻域内像素对中心像素的影响，即一致性检验，图像实时性没有得到充分的考虑。在今后的研究中需要进一步改善。

2.融合方法对于含噪图像的融合，虽然较其他方法对噪声有所抑制，但融合效果仍不理想，在今后的学习中还需对此方向进行深入的研究。

（三）红外与可见光图像预处理

通常情况下，图像传感器可能会受到恶劣天气环境、图像传感器系统的误差或畸变、图像传感器性能下降等因素的影响，图像传感器输出的图像可能会存在一定的退化降质误差，特别针对一些恶劣环境下传感器输出的图像，很容易出现失真。其中预处理方法有：图像增强、去噪等。介绍了图像预处理方法，并通过实验数据分析、说明图像预处理对于图像融合的重要性。

1.红外图像与可见光图像特点

热辐射信息探测技术中，红外成像技术发展最成熟，它是由红外辐射对物体时产生的差异而形成的，通过这种差异，红外图像中物体被区分出来，红外图像的获取不受光线的影响，具备全天候特点。

红外图像特点是：图像分辨率低，没有色彩与阴影，属于灰度图像，图像缺乏层次感；受到目标热平衡、环境因素的影响，以至于红外图像具备很强的相关性，但对比度不好，呈现的视觉效果不理想；导致当应用于图像融合，图像目标识别等会出现误差，红外图像中普遍存在图像目标边缘轮廓不清晰的情况，如果传感器放置较远，受到环境的影响，对比度和信噪比会进一步降低。

可见光图像特点是：具备很高的分辨率、对比度和细节信息。可见光图像传感器原理是：利用物体对可见光具备不同的反射能力形成图像。但是可见光传感器容易受到环境影响，如：阳光照射程度低，目标处存在烟雾等，并且不能全天候工作。可见光的辐射波段要短于红外光的辐射波段，故可见光图像拥有更好的空间分辨率。

2.图像增强

按照某种特定需求，突出人们的需要，削弱无用信息。图像增强需要注意以下几个方面：

（1）使得增强后图像的纹理细节特性与图像整体清晰度得到提高。

（2）避免放大噪声，不应该出现对图像进行图像增强，从而不相关信息也被放大。

（3）应该更契合人类眼球特性，避免增强图像过度或者过弱。

（四）红外与可见光的第一次融合

1.自适应PCNN算法

PCNN脉冲耦合神经网络模型，可以不通过学习或者训练，在复杂的图像背景里面，提取出人们感兴趣的信息，拥有全局耦合性等特点，并且其处理机制、信号形式更符合人类眼球视觉神经系统。PCNN相对于人类神经网络有着根本的不同。Eckhom依照猫和猴子大脑皮层上出现的同步脉冲发放现象而提出。由于整个模型需要多次反复运算，所以PCNN模型的输入，就是上一次模型运算的输出Y，当然，针对第一次运算，Y的初始值设为0。而输入不仅仅只有一个，输入

Y的个数由原图像的像素点的数量决定，每一个输入都对应一个像素点的数值，我们通过融合算法的规划决定输入对应原图像像素点的个数。相对于输入Y，F作为真正意义上的外界输入。如果一个神经元的输入刺激源只有自身（在上一时刻）和周围的神经元，我们需要一个外界的神经元F来协助系统处理数据。相对于有很多输入数据，PCNN模型输出只有一个Y，Y属于二值化数据，即原图像中这个像素点经过PCNN模型之后，要么是0代表没有数据，要么是1代表有数据。总的来说，PCNN模型有三个部分：外界信号刺激、自身神经元记忆、周围神经元干扰。PCNN模型可以不通过学习或者训练，在复杂的图像背景里面，提取出人们感兴趣的信息，针对红外图像的特点，采用PCNN对红外图像进行信息提取。在红外图像中，目标信息与背景信息呈现白黑对比，经过点火后，能有效地提取出相对白色的信息，即目标信息。尽管采用PCNN经过点火后能有效地分割目标信息与背景信息，但总点火次数能决定分割信息的好坏，总点火次数过大，容易丢失信息，使得图像分割效果不理想；总点火次数过少，容易引入无用信息，使得图像分割效果不理想；通过引入OTSU大津法，使得PCNN能自适应地分割图像，且图像分割效果最理想。

2.OTSU大津法

最大类间方差法，即OTSU大津法，该算法的最大特点，是不需要外界监督通过自适应的方式去确定最优阈值。通过把OTSU与PCNN相结合，得到自适应PCNN的方法，通过PCNN把图像分割图像，把图像分割成背景图像与目标图像，用OTSU计算两个图像的类间方差。当指标变大，表明PCNN分割图像效果越好。采用PCNN分割红外图像，使得目标图像与背景图像分离，采用OTSU计算两者之间的类间方差，当达到最大值的时候，此时分割效果最好。采用自适应PCNN算法对目标图像进行提取。PCNN对红外图像进行目标与背景图像分割，不同的迭代次数，输出不同的分割图像，引入OTSU计算经过PCNN分割后的目标与背景图像的类间方差，自适应的控制PCNN的点火次数，当通过不断迭代使得两者之间的类间方差达到最大，得到最佳阈值，此时PCNN算法对图像的分割效果最好。

（五）红外与可见光的第二次融合

由初次融合策略可知，原图像通过NSCT分解，在低频处，红外图像由自适应PCNN分割目标与背景图像，分割后的红外目标图像直接与可见光背景图像进行融合，虽然能充分体现目标特征，但却丢失了一半的信息量。如可见光图像中的目标图像区域被忽略，使得融合图像信息不完整。在高频处，选取区域方差较大的图像带通系数直接用于融合图像，虽然能充分体现突变信息，但不能体现原图像之间的相互联系性。如红外图像中目标边缘特征明显，相对区域方差大，但在可见光图像中目标图像区域也可能包含了较多突变信息，如果只单一选取一张图像中相对区域方差大的带通系数用于融合图像，使得融合图像信息不完整；针对初次融合中的不足，引入第二次图像融合。

第二次融合策略，依据边缘保持度和信息熵，对红外与可见光图像进行第二次融合，融合步骤如下。步骤一：在完成初次融合的基础上，对初次融合图像F做三级NSCT变换，得到对应的低频子带系数和带通方向子带系数。步骤二：对低频子带系数，为了能有效地补充初次融合图像所丢失的信息，利用信息熵来评价源图像对初次融合结果的信息贡献度。首先，将图像A、B、F的低频子带系数进行分块，分块的大小与融合质量有关，分块越大，则融合质量越低。选择3×3大小对图像低频子带系数分块，得到分块后的低频子带系数。对于图像的高频部分，为了能充分体现原图像之间的相互联系性，同时为了能有效地增强融合图像在边缘与纹理等突变细节信息，利用边缘保持度来评价初次融合结果对源图像的边缘保留程度。故依据边缘保持度完成第二次图像融合。对第二次融合后所得到的低频子带系数与带通方向子带系数进行逆NSCT，得到最终的融合结果。

（六）可见光图像区域分割

针对可见光图像难以获得目标区域的问题，利用红外图像能检测目标的优势确定目标区域，然后利用图像配准，将红外图像的目标区域映射到可见光图像中的目标区域。提取的目标感兴趣区域为红外分割后目标轮廓的最小外接矩形。最小外接矩形的确定方法是对二值化后的红外目标图像进行扫描，找到最左边和最右边、最上边和最下边的坐标，这样构成一个矩形。为了避免目标的边缘模糊，在宽中分别增加了5个像素点。

三、特征提取与融合

特征提取是目标分类识别的前提，特征提取的好坏，直接影响到识别结果。选取时应遵循的原则如下：

（一）在保证目标正确识别的前提下，选取尽可能少的特征参数。

（二）尽量选取计算量小，准确率高的特征参数。

（三）选取的特征量鲁棒性要高，即具有平移、比例和旋转等不变性。

（四）特征量之间的相关性要尽量小。

在特征提取的过程中，提取的特征量是具有独立性、可靠性、数据量少和可区别性的特点，这样才能增强目标识别系统的可靠性和准确性。

根据以上原则，可以提取红外图像的形状特征和可见光图像的边缘特征。特征融合，即把从不同传感器提取的特征，通过某种算法，重新组合成一个新的特征向量，新的特征向量用作后续目标分类和识别的判断依据。特征级融合算法可分为两大类：特征选择和特征组合。将所有的特征量放在一起，用某种方法产生一个新的特征向量，新向量中的元素都是从原向量选择得到的，称为特征选择，例如，遗传算法。将所有向量直接组合成新向量，称为特征组合，例如，串行和并行融合策略。

1.串行融合策略

设A和B是在样本模式空间L的两个特征空间。对于任意样本$I \in S2$，相应的特征表示向量为$A \in \alpha$和$B \in \beta$。串行融合策略将这两个特征表示向量串成了一个大向量γ，公式如下：由式可知，若α是n维的，β是m维的，那么合成的向量γ为（m+n）维的。因此，所有由串行融合而成的向量，是一个（m+n）维的新特征空间，后续的分类识别就是在这个新特征空间中进行的。

2.并行融合策略

设A和B是在样本模式空间Q的两个特征空间。对于任意样本$T \in L$，相应的特征表示向量为$A \in \alpha$和$B \in \beta$。并行融合策略将这两个特征表示向量合成了一个复向量γ，公式如下：式中，i为虚数单位。需要注意，如果α和β维数不一致，那么需要对低维的向量补0。例如，$\alpha = (a_1, a_2, a_3)^T$，$\beta = (\beta_1, \beta_2)^T$，则首先将$\beta$变为$\beta = (\beta_1, \beta_2, 0)^T$，然后合成向量$y = (a_1 + i\beta_1, a_2 + i\beta_2, \alpha_3 + i0)$。在上定义一个并行融合的特征空间$C = \{a + i\beta | \alpha \in 4, B \in B\}$。显然，这是一个n维的复向量空间，其中$n = max(dimA, dimB)$。在这个空间里，内积可定义为$(x, y) = x^H Y$，式中，$x, Y \in C$，H表示共轭转置。

3.融合遗传算法

遗传算法模仿了生物的进化过程。该算法将问题的可能解编成0、1代码串，称为染色体。若给定一组初始的染色体，遗传算法就会利用遗传算子对其进行操作，产生新一代染色体。新一代染色体可能包含了较前代更好的解。每一条染色体都要通过适应度函数去评价其适宜程度，遗传算法的目标是找到最适宜的染色体。遗传算法主要由四部分组成：遗传算子、编码机制、控制参数、适应度函数。

编码机制是遗传算法的基础。遗传算法不是对研究对象直接进行讨论，而是通过某种编码机制把对象统一赋予由特定符号按一定顺序排成的串。在常用的遗传算法中，染色体由0与1组成，码为二进制串，对遗传算法的码可以有十分广泛的理解。在优化问题中，一条染色体对应一个可能解。

在遗传算法中，用适应度函数来描述染色体的适宜程度，即根据其适应度来评估染色体优劣。遗传算法最重要的算子有：选择、交叉、变异。选择的作用是根据染色体的优劣程度决定它在下一代是被淘汰还是被复制。交叉算子是让不同的染色体可以进行信息交换。变异算子就是改变染色体的某个位置上的值。

在实际操作过程中，为提高选优的效果，需先适当地确定某些参数的取值。例如，每一代的群体大小、交叉率和变异率，此外还有遗传的代数，或其他可供确定指标。例如，假设 α 和 β 分别表示某一目标的两类不同特征。通过遗传算法，可以得到融合的特征向量y，表达式如下：x为最优染色体。x的每一位与特定位置的特征成分相关，该位的取值决定了这个位置的特征成分是从 α 选择（值为1）还是从 β 选择（值为0）。

第四章 计算机网络安全概述

第一节 网络安全

一、网络的概念

在给出计算机网络的定义之前，先来回顾一下人们平常所说的"网络"概念。"网络"通常是指为了达到某种目标而以某种方式联系或组合在一起的对象或物体的集合。例如，人们日常生活中四通八达的交通系统、供水或供电系统、邮政系统等都是某种形式的网络。那么什么是计算机网络呢？计算机网络是为了达到何种目标，又以什么方式将对象集合在了一起呢？在计算机网络的发展过程中，人们在不同阶段或从不同角度对计算机网络提出了不同的定义，其中比较典型的有三类：广义的观点、资源共享的观点和用户透明性的观点。广义的观点将计算机网络看成以实现远程通信为目的，一些互连的、独立自治的计算机的集合，这种观点对计算机网络的认识主要停留在计算机通信网络的层面，是一种比较早期的观点。用户透明性观点主要关注网络作为一种分布式系统，从内部资源分布与资源调度等技术实现应该对用户透明的角度来描述计算机网络，"存在一个能为用户自动管理资源的网络操作系统，可由它调用完成用户所需的资源，使整个网络像一个大的计算机系统一样对用户是透明的"。然而，从目前计算机网络的发展现状与特征来看，从资源共享的角度理解计算机网络比较准确和全面。资源共享的观点认为，计算机网络是指将地理位置不同且功能相对独立的多个计算机系统通过通信线路相互连在一起，遵循共同的网络协议，由专门的网络操作系统进行管理，以实现资源共享的系统。

"地理位置不同"是指计算机网络中的计算机通常都处于不同的地理位置。例如，当人们通过互连网访问某种网络服务时，被访问的主机在地理上往往是不可见的，主机可能位于不同的城市、省份乃至不同的国家，所以这些被访问的主机有时被称为远程主机。在大多数情况下，人们不知道也不需要知道这个被访问机器所处的确切位置。可以这么说，正是计算机与信息资源在地理位置上的分布性，才成为人们以组建计算机网络的方式来实现资源共享的原始驱动因素。"功能相对独立"是指相互连接的计算机之间不存在互为依赖的关系。作为各自独立的计算机系统，它们具有各自独立的软件和硬件。任何一台计算机既可以联网工作，也可以脱离网络和网络中的其他计算机独立工作。例如，学生们的计算机既可以连在互联网上工作，也可以脱离网络以单机方式运行。当这些地理位置不同的计算机组成计算机网络时，必须通过通信线路在物理上将它们互连起来。通信线路由通信介质和通信控制设备组成，通信介质可以是有线的，也可以是无线的。但是，单纯依靠计算机之间的物理连接是远远不够的，为了在这些功能相对独立的计算机之间做到有序地交换数据，每个结点都必须遵循一些事先约定的通信规则，这些规则又称为"协议"。另外，为了实现联网结点之间有效的资源共享，还必须提供具备网络软、硬件资源管理功能的系统软件，这种系统软件就是网络操作系统。组建计算机网络的根本目的是实现资源共享。这里的资源既包括计算机网络中的硬件资源，如CPU、存储空间、打印机、绘图仪等，也包括软件资源，如程序、数据等。

我国企业的网络安全现状是不容忽视的，其主要表现在以下几个方面：网络安全人才缺乏，信息和网络的安全防护能力差，企业领导对网络安全方面不够重视，企业员工对网络的安全保密意识淡薄，等等。企业领导对网络安全这个看不见实际回馈的资金投入持消极的态度，一部分企业认为添加了各种安全产品之后，该网络就已经安全了，缺少专门的技术人员和专业指导，导致企业的网络安全建设普遍处于不容乐观的状况。网络威胁既有信息威胁又有设备威胁，包括不经意的失误、恶意的人为攻击、网络软件的漏洞和"后门"。基本上每款软件多少都会存在漏洞，大多网络入侵事件是由于没有完善的安全防范措施、系统漏洞修补不及时等给黑客以攻击目标。黑客入侵通常扮演着以下角色：一是政治工具；二是战争的应用；三是入侵金融、商业系统，盗取商业信息；四是侵入他人的系统，获取他人的隐私，便于进行敲诈、勒索或损害他人的名誉。通过上述事件可以看出，网络安全影响着国家的政治、军事、经济及文化的发展，同时也影响国际局势的变化和发展。

任何一项新技术的出现与发展都必须具备两个基本条件，一是强烈的社会需求，二是前期的技术储备或成熟。计算机网络的形成与发展也不例外，它是计算机技术与通信技术高度发展并紧密结合的产物。根据不同阶段的应用需求与技术特色，通常将计算机网络的发展划分为四个阶段，分别是计算机网络初级阶段、计算机网络通信阶段、标准与开放的计算机网络阶段、高速与智能的计算机网络阶段。但是处于初级阶段的计算机网络并不具备前面严格定义中所提到的各个限定条件。

二、网络的攻击方式

（一）网络使用中的拒绝服务

计算机网络在实际的工作过程中受到某些操作者的非法攻击，导致计算机的目标主机成为主要的攻击对象，对于主机响应正常的服务请求造成了较大的影响，使得用户在使用计算机网络的过程中无法获得自身所需的服务。相对而言，这种攻击方式较为常见。在这种攻击方式的作用下，计算机网络中的目标主机的磁盘空间、多线程等重要的资源将会被非法利用，进而影响了计算机网络的正常使用。在网络带宽的支持下，拒绝服务攻击方式便会产生相应的作用，如占用内存、消耗系统的网络带宽资源、非法的数据流覆盖用户的服务请求等，最终造成了用户的服务请求被非法窃取、服务中断、响应速度慢等现象。

（二）网络使用中的缓冲区溢出

在计算机网络正常使用的过程中，缓冲区溢出的攻击方式对于网络的安全可靠性也带来了较大的威胁。这种攻击方式主要是通过溢出漏洞来实现的，致使计算机网络在具体的操作中面临着较高的风险，影响了系统的稳定性。一般情况下，计算机网络工作中对于操作系统的依赖程度很高，客观地加大了缓冲区漏洞问题产生的概率。主要在于这些缓冲区漏洞与操作系统之间的关系较为密切，往往随着操作系统的使用而产生。同时，缓冲区漏洞在用户使用各种应用软件的过程中也会产生，给计算机网络的正常使用埋下了较大的安全隐患。当应用软件使用过程中产生的数据量较大，并且计算机网络中的检测软件对于这些溢出的数据没有进行及时检测时，也会影响系统的正常使用。

（三）网络使用中的端口扫描

计算机网络的部分端口开放程度高，致使网络在具体的使用过程中受到了某些恶意软件的非法扫描，给系统的安全性造成了较大的威胁。用户在使用计算机网络完成某些操作时，由于缺乏网络安全意识，对于可能携带病毒的恶意软件无法识别，使这些恶意软件主动地对系统的部分开放性端口进行扫描，客观地加大了各种风险发生的概率，导致系统的服务模式被非法篡改，影响了计算机网络的正常使用。

（四）网络使用中的病毒攻击

各种病毒的频繁出现，丰富了计算机网络的攻击方式，给系统的安全性带来了潜在的威胁，容易导致系统出现瘫痪、崩溃等现象。病毒、木马的攻击方式主要针对的是客户端，通过服务器对用户的重要信息进行非法获取。与此同时，某些系统网络入侵者为了增加病毒的隐蔽性，以便更好地进入计算机网络内部，往往通过伪装的方式对用户的正常操作进行非法干扰。某些病毒软件在设计的过程中设置了多种防御机制，使得计算机网络中的杀毒软件无法对这些病毒进行及时清除，影响系统的安全性。病毒、木马在攻击计算机网络的过程中如果获取到一定的访问权限，将会对系统的配置信息进行非法更改，利用各种错误的信息阻断软件进程，实现对目标主机的非法控制和操作。例如，盗取用户密码、主动提供各种服务等方式，往往是计算机网络使用中病毒的主要攻击方式。

三、网络防御技术

（一）网络防火墙技术

网络防火墙技术作为内部网络与外部网络之间的第一道安全屏障，是最先受到人们重视的网络安全技术。防火墙产品最难评估的是其安全性能，即防火墙是否能够有效地阻挡外部入侵。这一点同防火墙自身的安全性一样，普通用户通常无法判定，即使安装好了防火墙，假如没有实际的外部入侵，也无从得知产品性能的优劣。但在实际应用中检测安全产品的性能是极为危险的，所以用户在选择防火墙产品时，应该尽量选择占市场份额较大同时又通过了权威认证机构认证测试的产品。在网络环境下，病毒传播扩散较快，仅用单机防病毒产品已经很难彻底清除网络病毒。因此，针对网络中所有可能的病毒攻击点，必须设置对应的防病毒软件，通过全方位、多层次的防病毒系统的配置，定期或不定期地自动升级，最大限度地使网络免受病毒的侵袭。对于已感染病毒的计算机应采取更换病毒防护软件、断网等技术措施，及时安装针对性的杀毒软件清理病毒，以保证系统的正常运行。

（二）入侵检测技术

入侵检测技术是网络安全研究的一个热门，是一种积极主动的安全防护技术，其提供了对内部入侵、外部入侵和误操纵的实时保护。入侵检测系统简称IDS，是进行入侵检测的软件与硬件的组合，其主要功能是检测。除此之外，还有检测部分阻止不了的入侵；检测入侵的前兆，从而加以处理，如阻止、封闭等；入侵事件的回档，从而提供法律依据；网络遭受威胁程度的评估和入侵事件的恢复等功能。采用入侵检测系统，能够在网络系统受到危害之前拦截相应入侵，对主机和网络进行监测和预警，进一步提高网络防御外来攻击的能力。教育和管理结合机房对员工进行硬件、软件和网络数据等安全问题教育，加强对员工进行业务和技能方面的培训，提高他的安全意识，避免发生人为事故。在传输的过程中，要保证传输线路安全，要设置露天保护措施或埋于地下，和辐射源保持一定的距离，尽量减少各种辐射导致的数据错误；应当尽可能使用光纤铺设线缆，减少辐射引起的干扰，定期检查连接情况，检查是否非法外连或破坏行为。总之，网络安全是一个系统化的工程，不能单独地依靠防火墙等单个系统，而需要仔细且全面地考虑系统的安全需求，并将各种安全技术结合在一起，才能形成一个高效、通用、安全的网络系统。

（三）可靠的加密技术

在可靠的加密技术支持下，计算机网络中所要传输信息的机密性将会得到可靠的保障，提高了用户使用计算机网络的信息安全性。加密技术的有效使用，依赖于可靠的算法，需要根据计算机网络的结构特点去设置复杂度高、安全性良好的算法，确保计算机网络使用中的明文与密文之间能够安全地交换，增强网络传输系统数据信息传递的安全性。在加密技术选择的过程中，需要对所要传输的数据量与数据类型进行充分的考虑，确保加密技术在计算机网络使用的过程中能够达到理想的效果。现阶段主要采用的加密技术是非对称加密技术。这种加密技术的主要原理是：数据在传输的过程中，利用可靠的分解机制，将信息通道中的素数作为主要的传输主体，将分解得到的另一个素数作为私密钥匙，方便操作者的解密，最大限度地保证数据传输的安全性。

四、网络安全的多面性

网络安全包含多个层面，既有层次上的划分、结构上的划分，也有目标上的差别。在层次上，它涉及网络层、传输层、应用层的安全等；在结构上，不同节点考虑的安全是不同的。在目标上，有些系统专注于防范破坏性的攻击，有些系统是用来检查系统的安全漏洞，有些系统用来增强基本的安全环节（如审计），有些系统解决信息的加密、认证问题，有些系统考虑的是防病毒的问题。任何一个产品不可能解决全部层面的问题，这与系统的复杂程度、运行的位置和层次都有很大关系，因而一个完整的安全体系应该是一个由具有分布性的多种安全技术或产品构成的复杂系统，既有技术的因素，也包含人的因素。用户需要根据自己的实际情况选择适合自己需求的技术和产品。计算机网络的安全问题，越来越受到人们的重视。但是应该认识到，网络的安全是以成本和访问速度的降低为代价的。要想加强网络安全，就必须增加相应的软件设备和对输入／输出的信息流的检查，而这势必会延缓信息流动的速度。

随着计算机网络的发展与普及，计算机网络上的应用正在以惊人的速度在发展，归纳起来有三个明显的特征：一是应用的多样性，二是新应用的产生速度加快，三是应用的领域日趋广泛。下面列举一些典型的网络应用：信息检索计算机网络使人们的信息检索变得更加高效、快捷，万维网浏览、FTP下载使人们可以非常方便地从网络上获得所需要的信息和资料，网络搜索引擎提高了人们从网络上获取有效资源的速度与效率，网上的数字图书馆更是以其信息容量大、检索方便赢得人们的青睐；使用最为广泛的电子邮件目前已经成了一种最为快捷、廉价的通信手段，人们可以在几分钟，甚至几秒钟内就把信息发给对方，信息的表达形式不仅可以是文本，还可以是声音和图片，其低廉的通信费用更是其他通信方式（邮政信件、电话、传真等）所不能相比的。除收发电子邮件外，IP电话和以QQ、MSN、Message为代表的网上实时消息传送也都已经成为人们日常通信的重要手段。

办公自动化（OA）是将现代化办公和计算机网络功能结合起来的一种新型的办公方式。OA系统通过有效的网络资源共享和信息交流、发布，不仅使组织机构内容的信息传递更加快捷和方便，还可使组织机构内部的人员实现跨越时间、地点的协同工作，从而极大地扩展了办公手段。OA系统的实施达到了提高工作效率、降低劳动强度、减少重复劳动的目的。但是它强调人与人之间、各部门之间、企业之间的协同工作，以及相互之间进行有效的交流和沟通。例如，通过将一个企业或机关的办公电脑及其外部设备联成网络，既可以节约购买多个外部设备的成本，又可以共享许多办公数据，并且可对办公信息进行计算机综合处理与统计，避免了许多单调重复性的劳动。

管理信息化指的是运用信息技术代替和模仿手工操作，重视管理变革的经验，强调技术和管理结合，运用先进的信息技术手段实现新的管理思想，使技术工程向管理工程发展。医院管理信息系统、民航或铁路的网上购票系统、学校的学生管理信息系统、连锁超市的购物系统等都是管理信息化的实例。企业信息化系统的建设，已经改变了之前以业务数据为中心的管理信息系统（MIS）的观念及单一办公自动化的概念，采用先进的网络计算技术、群件及工作流技术所构造以业务流程为中心的企业资源计划（ERP）系统已经被广为接受。通过实施ERP，可以实现企业的原材料供应、产品设计、生产、销售和客户服务的全面信息化，从而有效提高企业的生产率与竞争力。

电子商务与电子政务随着计算机网络的发展，还出现了利用网络进行的商务活动。这种通过计算机网络将买方和卖方的信息、产品和服务联系起来，使企业与企业之间、企业与个人之间可以通过网络来实现贸易、购物的活动被称为电子商务。电子商务以通信网络和计算机替代传统交易过程中纸介质信息载体的存储、传递、统计、发布等环节，实现了商品和服务交易管理等活动过程的无纸化和在线交易。电子商务的内容包括商品的查询、采购、展示、定货及电子支付等一系列的商品交易行为，也包括资金的电子转拨、股票的电子交易、网上拍卖等服务贸易活动。作为一种新兴的商务模式，电子商务具有普遍性、方便性、整体性、安全性、协调性等特征。

电子政务是政府信息化工程，伴随着信息技术进步和政府职能改革的双重轨迹。一般而言，政府的主要职能在于经济调节、市场监管、社会管理和公共服务，而电子政务就是要将这四大职能电子化、网络化，以提高政府工作效率与服务水平。电子政务一方面要将政府的信息发布、管理、服务、沟通功能向Internet上迁移，实施政务公开化和审批程序标准化，更好地为公众服务；另一方面要结合政府行政管理流程的改变，构建和优化政府的内部管理系统、决策支持系统，为政府部门依法行政和提高服务水平提供强大的信息化支持。

第二节　网络安全的体系结构

一、硬件网络

计算机网络安全体系结构是由硬件网络、通信软件及操作系统构成的。对于一个系统而言，首先要以硬件电路等物理设备为载体，然后才能运行载体上的功能程序。通过使用路由器、集线器、交换机、网线等网络设备，用户可以搭建自己所需要的通信网络。对于小范围的无线局域网而言，人们可以使用这些设备搭建用户需要的通信网络。最简单的防护方式是对无线路由器设置相应的指令来防止非法用户的入侵。这种防护措施可以作为一种通信协议保护，目前广泛采用WPA2加密协议实现协议加密，用户只有通过使用密钥才能对路由器进行访问。通常可以将驱动程序看作操作系统的一部分，经过注册表注册后，相应的网络通信驱动接口才能被通信应用程序所调用。网络安全通常是指网络系统中的硬件、软件要受到保护，不能被更改、泄露和破坏，能够使整个网络得到可持续的稳定运行，信息能够完整地传送，并得到很好的保密。因此，计算机网络安全涉及网络硬件、通信协议、加密技术等领域。

信息——信息是资源，信息是财富。信息化的程度已经成为衡量一个国家、一个单位综合技术水平、综合能力的主要标志。从全球范围来看，发展信息技术和发展信息产业也是当今竞争的一个热点。

计算机信息技术的焦点集中在网络技术、开放系统、小型化、多媒体这四大技术上。Internet的发展将会对社会、经济、文化和科技带来巨大推动和冲击。同时，Internet在全世界迅速发展也引发了一系列问题。由于Internet强调开放性和共享性，其采用的TCP/IP、SNMP等技术的安全性很弱，本身并不为用户提供高度的安全保护。而且Internet自身是一个开放系统，是一个不设防的网络空间。随着Internet网上用户的日益增加，网上的犯罪行为也越来越引起人们的重视。

在网络分层结构模型中，每一层为相邻的上一层所提供的功能称为服务。N层使用N−1层所提供的服务，向N+1层提供功能更强大的服务。下层服务的实现对上层必须是透明的，N层使用N−1层所提供的服务时并不需要知道N−1层所提供的服务是如何实现的，而只需要知道下一层可以为自己提供什么样的服务，以及通过什么方式来提供。N层向N+1层提供的服务通过N层和N+1层之间的接口来实现。接口定义了下层向其相邻的上层所提供的服务及相应的原语操作，并使下层服务的实现细节对上层是透明的。为了更好地理解分层模型及实体、协议、服务、接口等概念，假设处于A地的用户A要给处于B地的用户B发送信件，为了实现这么一个信件传递过程，需要涉及用户、邮局和运输部门三个层次。用户A写好信的内容后，将它装在信封里并投入邮筒里交由邮局A寄发。邮局收到信后，首先进行信件的分拣和整理，然后装入一个统一的邮包交付A地运输部门进行运输。B地相应的运输部门得到装有该信件的货物箱后，将邮包从其中取出，并交给B地的邮局。B地的邮局将信件从邮包中取出投到用户的信箱中，从而用户B收到了来自用户A的信件。在这个过程中，写信人和收信人都是最终用户，处于整个邮政系统的最高层；邮局处于用户的下一层，是为用户服务的。对于用户来说，他只需知道如何按邮局的规定将信件内容装入标准信封并投入邮局设置的邮筒就行了，而无须知道邮局是如何实现寄信过程的，这个过程对于用户来说是透明的。处于整个邮政系统最底层的运输部门是为邮局服务的，并且负责实际的邮件的运送，邮局只需将装有信件的邮包送到运输部门的货物运输接收窗口，而无须操心邮包作为货物是如何到达异地的。在这个例子中，邮筒就相当于邮局为用户提供服务的接口，而运输部门的货物运输接收窗口则是运输部门为邮局提供服务的接口。

对信息安全的威胁主要包括以下几个方面。①内部泄密。内部工作人员将内部保密信息通过E-mail发送出去或用ftp的方式送出去。②"黑客"入侵。黑客通过非法链接、非授权访问、非法得到服务、病毒等方式直接攻入内部网，对其进行侵扰。这可直接破坏重要系统、文件、数据，造成系统崩溃、瘫痪，重要文件与数据被窃取或丢失等严重后果。③外部人员通过业务流分析、窃取，获得内部重要情报。这种攻击方式主要是通过一些日常社会交往获取有用信息，从而利用这些有用信息进行攻击。例如，通过窃听别人的谈话来获取一些完整或不完整的有用信息，再进行攻击。④外部人员在外部线路上进行信息的篡改、销毁、欺骗、假冒、误操作与疏漏及自然灾害等。

信息系统面临的大部分威胁源于上述原因。对于某些组织，其威胁可能有所变化。全球范围内的竞争兴起，将人们带入了信息战时代。现代文明越来越依赖于信息系统，但也更易遭受信息战。信息战是对以下方面数据的蓄意攻击：机密性和占有性、完整性和真实性、可用性与占用性等。

信息战将危及个体、团体，政府部门和机构，国家和国家联盟组织。如果有必要的话，也要考虑信息战对网络安全的威胁。一些外国政府和有组织的恐怖分子、间谍可能利用"信息战"技术来破坏指挥或控制系统、公用交换网及其他国防部依靠的系统和网络，以达到破坏军事行动的目的，造成灾难性损失的可能性极大。从防御的角度出发，不仅要考虑把安全策略制定好，而且要考虑信息基础设施应有必要的保护和恢复机制。

信息系统是指对信息进行管理、控制及应用的计算机与网络，其信息受损或丢失的后果将影响社会的各个方面。

在管理中常常视安全为一种保障措施，它是必要的，但又令人讨厌。保障措施被认为是一种开支而非一种投资。相反地，基于这样一个前提，即系统安全可以防止灾难。因此，它应是一种投资，而不仅仅是为恢复所付出的代价。

建网的安全策略，应在建网定位的原则和信息安全级别选择的基础上制定。网络安全策略是网络安全计划的说明，是设计和构造网络的安全性，以防御来自内部和外部入侵者的行动计划，以及阻止网上泄密的行动计划。保险是对费用和风险的一种均衡。首先，要清楚了解系统的价值有多大，需从两方面考虑：它有多关键，它有多敏感。其次，测定或者猜测面临威胁的概率，合理地制定安全策略和进程。风险分析法可分为两类：定量风险分析和定性风险分析。定量风险分析是建立在事件的测量和统计的基础上，形成的概率模型，最难的部分是评估概率。我们不知道事件何时发生，我们不知道这些攻击的代价有多大或存在多少攻击，我们不知道外部人员人为威胁的比重为多少。最好是利用适当的概率分布，应用蒙特卡罗仿真技术进行模块风险分析。但其实用性不强，较多地还是使用定性风险分析。

风险分析关心的是信息受到的威胁、信息对外的暴露程度、信息的重要性及敏感度等因素，根据这些因素进行综合评价。网络安全策略开发必须从详尽分析敏感性和关键性上开始。在信息战时代，人为因素也使风险分析变得更难了。

网络安全从其本质上来讲，就是网络上的信息安全，主要指网络系统的硬件、软件及系统中的数据受到保护，不因偶然的或者恶意的原因而遭受到破坏、更改、泄露，系统应连续正常地运行，网络服务不中断。从广义上来说，凡是涉及网络上信息的保密性、完整性、可用性、真实性和可控性的相关技术和理论都是网络安全的研究领域。网络安全应具有保密性、完整性、可用性、可控性、可审查性等五个方面的特征。网络安全是涉及计算机科学、网络技术、通信技术、密码技术、信息安全技术、应用数学、数论、信息论等多种学科的综合性学科。随着网络技术的飞速发展，网络中的不安全因素也在逐渐增加。因此，强化网络的信息安全才能使信息化持续向健康的方向发展。计算机信息系统安全包括人的安全、实体安全、信息安全。其中，人的安全主要是指计算机使用人员的安全意识、法律意识和所掌握的安全技能等；实体安全是指保护计算机设备、设施，以及其他媒体免遭自己和人为破坏的措施及过程；信息安全是指防止信息被故意地泄露、更改、破坏或使信息被非法系统识别、控制，确保信息的保密性、完整性、可用性、可控性、可靠性和不可抵赖性。

电脑完成的每一个操作都需要由电脑软件来控制，电脑软件是电脑技术人员按照实际需求编写的，在软件开发阶段难免会出现一些考虑不到的地方。特别是大型软件系统，或多或少存在的一些软件漏洞能够造成电脑系统的安全问题。由于网络的快速发展和数据的可访问性，使得数据可以很容易地被复制下来并且不留痕迹。在一定条件下，终端用户可以访问系统中的所有数据，并可以按其需要将其复制、删改、破坏。电脑网络的安全问题比较多，这些安全问题有些可能是无意的，如系统管理员安全配置不当而造成的安全漏洞、用户安全意识不强、用户口令选择不慎等带来的安全问题；也可能是有意的，如黑客利用网络软件的漏洞和"后门"对电脑系统的恶意攻击，从而导致处于电脑网络环境的电脑系统受到非法入侵者的攻击，敏感数据有可能被泄露或被修改。

二、网络安全体系结构

在电信行业中，网络安全的含义包括关键设备的可靠性，网络结构、路由的安全性，具有网络监控、分析和自动响应的功能，确保网络安全相关的参数正常，能够保护电信网络的公开服务器（如拨号接入服务器等）及网络数据的安全性等各个方面。其关键是在满足电信网络要求、不影响网络效率的同时，保障其安全性。电信网络在技术上定位为以光纤为主要传输介质，以IP为主要通信协议，因此人们在选用安防产品时必须要达到电信网络的要求。例如，防火墙必须满足各种路由协议、QOS的保证、MPLS技术的实现、速率和冗余等多重要求，这些都是电信运营商应该首先考虑的问题。电信网络是提供信道的，所以IP优化尤其重要，至少包括如下几个要素：网络结构以IP为设计基础，体现在网络层的层次化体系结构，可以减少对传统传输体系的依赖；骨干网设备的交换模块或接口模块应提供足够的缓存和拥塞控制机制，避免前向拥塞时的丢包；可靠性和自愈能力包括链路冗余、模块冗余、设备冗余、路由冗余等要求。

三、网络安全风险分析

网络安全风险分析瞄准网络存在的安全漏洞，黑客所制造的各类新型的风险将会不断产生，这些风险由多种因素引起，与网络系统结构和系统的应用等因素密切相关。

（一）物理安全风险分析

网络物理安全是整个网络系统安全的前提。物理安全的风险主要有地震、水灾、火灾等环境事故造成整个系统毁灭，电源故障造成设备断电，操作系统引导失败或数据库信息丢失。

（二）网络安全风险分析

内部网络与外部网络间如果没有采取一定的安全防护措施，内部网络就容易遭到来自外网的攻击，包括来自Internet上的风险和下级单位的风险。内部局域网不同部门或用户之间如果没有采用相应一些访问控制，也可能造成信息泄露或非法攻击。因此，内部网络的安全风险更为严重。内部员工对自身企业网络结构、应用比较熟悉，自己攻击或内外勾结泄露重要信息，都将可能成为导致系统受攻击的最致命安全威胁。

（三）系统的安全风险分析

所谓系统安全，通常是指网络操作系统、应用系统的安全。目前，操作系统或应用系统无论是Windows，还是其他任何商用UNIX操作系统，以及其他厂商开发的应用系统，其开发厂商必然有其"后门"，而且系统本身必定存在安全漏洞。这些"后门"或安全漏洞都将存在重大安全隐患。因此，应正确评估自己的网络风险并根据自己的网络风险大小，做出相应的安全解决方案。

（四）应用系统的安全风险分析

应用系统的安全风险分析主要针对应用系统程序风险进行分析。应用系统是动态的、不断变化的，应用的安全性也是动态的。比如，新增了一个应用程序，肯定会出现新的安全漏洞，必须在安全策略上做出一些调整并不断完善。

第三节　网络安全法规与网络安全评价标准

自从十二届全国人大常委会把制定网络安全方面的立法列入立法工作计划以来，社会各界对《中华人民共和国网络安全法》的制定高度关注。人们清楚地看到，网络安全问题引起社会公共利益和经济受损，以及公民、法人和其他组织的合法权益遭受侵害的事件屡见不鲜，通过立法手段来进一步加强网络安全管理已是众望所归。全国人大常委会表决通过《中华人民共和国网络安全法》（以下简称《网络安全法》），意味着网络安全领域的第一部基础性、框架性法律正式出台。

"没有绝对的安全"是网络安全从业人员的共识，实施网络安全风险管理，将安全风险控制在可接受的水平是网络安全工作的基本方法论。纵观《网络安全法》，以安全标准、安全检测和认证、安全风险评估、安全审查为代表的网络安全风险管理措施的条款多达十五条。《网络安全法》具体阐述了网络安全风险管理的哪些理念？会对今后的网络安全风险管理工作带来什么变化？

首先是网络安全风险管理的地位得以全面提升，仅从方法论来看网络安全风险管理，其过程涉及信息系统的全生命周期，包括规划、建设、运行、废弃等阶段的风险管理。然而从实施角度来看，网络安全风险管理需具备合法和正当的目的。《网络安全法》明确规定，"开展网络安全认证、检测、风险评估等活动，向社会发布系统漏洞、计算机病毒、网络攻击、网络侵入等网络安全信息，应当遵守国家有关规定"。目前，我国尚存在不少机构和个人未得到正式授权进行安全检测、漏洞挖掘和披露的行为，其中不乏因操作不当或对后果估计不足对被检测方造成危害的案例，所谓的"安全风险评估"反而成为真正的风险点。安全检测、认证和风险评估作为加强网络安全管理的手段，也在《网络安全法》中有多处提及，为网络安全风险管理相关工作提供了充分的法律依据。

此外，实施网络安全风险管理，在法律的基础上还必须依赖科学先进的网络安全标准。中央网信办、国家质检总局、国家标准委联合印发《关于加强国家网络安全标准化工作的若干意见》，意见明确要求，推动网络安全标准与国家相关法律法规的配套衔接。《网络安全法》即是该思想的充分体现，提及安全标准和规范的条款达七条之多，其中多处提到"国家标准的强制性要求"，安全标准的地位得到显著加强。由此可见，《网络安全法》所阐述的网络安全风险管理理念以法律法规为基，以安全标准为纲，只有"立得稳，行得正"的网络安全风险管理措施才能真正发挥其效用。

其次是使网络安全风险管理的范围得到全面扩展。实施网络安全风险管理，原本是从保护组织资产和业务的角度出发，使其免于遭受损失。然而，《网络安全法》是从总体国家安全观出发，将网络空间主权和国家安全、社会公共利益，公民、法人和其他组织的合法权益均纳入保护对象，大大扩展了网络安全风险管理的适用范围。《网络安全法》进一步强化了关键信息基础设施保护的内容，明确列出关键信息基础设施的范围。关键信息基础设施保护影响重大，是在网络安全等级保护基础上的进一步重点保护，充分体现了安全风险管理的思想。关键信息基础设施运营者采购网络产品和服务可能影响国家安全，因此应通过安全审查，该措施是针对国家安全层面实施安全风险管理的有效举措。

此外，《网络安全法》针对公民个人信息保护提出了大量具体要求，一方面弥补了国内在此方面立法的不足，另一方面将个人信息保护纳入网络产品提供者和服务运营者实施网络安全风险管理的必要内容。《网络安全法》所阐述的网络安全风险管理范围，在传统网络信息系统基础上，进一步扩展到国家关键信息基础设施、公民个人信息等方面，同时提出了安全审查等国家层面的治理手段，其内容大大丰富，效应更加广泛。

最后是网络安全风险管理的落地将会更加扎实。由于以前在网络安全方面的立法尚不完善，有不少企业实施的信息安全管理体系、PDCA（计划、执行、检查、纠正程序）等管理方式往往只是流于形式，因此没有在效果上形成真正的闭环。《网络安全法》可谓"一锤定音"，将网络产品提供者和服务运营者的法律责任予以明确，使用执法手段倒逼其强化自身安全管理。在以往的网络安全风险管理中，人们一直关心的是发现脆弱性和改进安全措施，而对威胁的控制无计可施，此种方式非常被动且成本很高。《网络安全法》在法律责任中提出了对各类违法行为的制裁措施，由被动转主动，有效震慑威胁源行为，打通了安全风险处置的"最后一公里"，形成了真正的风险管理闭环。由上述可见，实施《网络安全法》定会大幅度提升网络安全风险管理的效果。

而对于网络安全评价标准，随着网络技术的发展，计算机病毒、网络入侵与攻击等各种网络安全事件给网络带来的威胁和危害越来越大，需对网络数据流进行特征分析，得出网络入侵、攻击和病毒的行为模式，以采取相应的预防措施。宏观网络的数据流日趋增大，其特征在多方面都有体现。为了系统效率，只需对能体现网络安全事件发生程度与危害的重点特征进行分析，并得出反映网络安全事件的重点特征，以形成安全评估指标。

随着信息技术与网络技术的迅猛发展，信息安全已经成为全球共同关注的话题，信息安全管理体系逐渐成为确保组织信息安全的基本要求，同时网络与信息安全标准化工作是信息安全保障体系建设的重要组成部分。网络与信息安全标准研究与制定为管理信息安全设备提供了有效的技术依据，这对于保证安全设备的正常运行和网络信息系统的运行安全及信息安全具有非常重要的意义。

近年来，面对日益严峻的网络安全形式，网络安全技术成为国内外网络安全专家研究的焦点。长期以来，防火墙、入侵检测技术和病毒检测技术成为网络安全防护的主要手段，但随着安全事件的日益增多，被动防御已经不能满足人们的需要。这种情况下，系统化、自动化的网络安全管理需求逐渐升温。其中，如何实现网络安全信息融合，如何真实、准确地评估对网络系统的安全态势已经成为网络安全领域的一个研究热点。对网络安全评估主要集中在漏洞的探测和发现上，而对发现的漏洞如何进行安全级别的评估分析还十分有限，大多采用基于专家经验的评估方法，定性地对漏洞的严重性等级进行划分，其评估结果并不随着时间、地点的变化而变化，不能真实地反映系统实际存在的安全隐患状况。再加上现在的漏洞评估存在误报、漏报现象，使得安全管理员很难确定到底哪个漏洞对系统的危害性比较大，无法采取措施以降低系统的风险水平。因此，漏洞的评估应该充分考虑漏洞本身的有关参数及系统的实际运行数据两方面信息，在此基础上建立一个基于信息融合的网络安全评估分析模型，以期得到准确的评估结果。

信息技术先进的国家在信息安全保障评价指标体系方面已经率先开展了研究工作。特别是美国，利用卡内基梅隆大学系统安全工程能力成熟度模型SSE-CMM较早地建立了信息安全保障评价指标体系。一些学者研究了信息安全保障评价的概念和范畴，给出了信息安全保障评价的框架。在国内，国家信息中心研究了网络信息系统的信息安全保障理论和评价指标体系，更多的研究是针对网络安全的评价指标体系。在评估方面，魏忠提出了从定性到定量的系统性信息安全综合集成评估体系；肖道举等进行了网络安全评估模型的研究；黄丽民等提出了网络安全多级模糊综合评价方法；李雄伟等在采用模糊层次分析法Fuzzy-AHP评估网络攻击效果方面取得了一定的成果。有些研究已经应用到具体的行业中。中国工业与信息产业部推出了"中国信息安全产品评测指标体系"。有关网络信息系统的安全评价虽然存在着多种多样的具体实践方式，但在世界上还没有形成系统化和形式化的评价理论和方法。评价模型基本是基于灰色理论（gray theory）或者模糊（fuzzy）数学，而评价方法基本上用层次分析法AHP或模糊层次分析法Fuzzy-AHP，将定性因素与定量参数结合，建立了安全评价体系，并运用隶属函数和隶属度确定待评对象的安全状况。

上述各种安全评估思想都是从信息系统安全的某一个方面出发，如技术、管理、过程、人员等，着重评估网络系统安全某一方面的实践规范，在操作上主观随意性较强，其评估过程主要依靠测试者的技术水平和对网络系统的了解程度，缺乏统一的、系统化的安全评估框架，很多评估准则和指标没有与被评价对象的实际运行情况和信息安全保障的效果结合起来。在目前的评估方法中，基础指标（技术、管理、工程和战略）是相互独立的，技术、管理、工程和战略措施是并行的，评价指标之间相互独立，从而导致评价精度下降和评价准确性出现偏差。

第五章　大数据的安全创建

第一节　大数据的采集

大数据采集是指从传感器、智能设备、企业在线系统、企业离线系统、社交网络和互联网平台等获取数据的过程。大数据采集技术广泛应用于各个领域，常见的测温枪、麦克风、摄像头都属于大数据采集工具。采集的大数据既包括RFID（Radio Frequency Identification）数据、传感器数据、用户行为数据、社交网络交互数据，还包括移动互联网数据等各种类型的结构化、半结构化以及非结构化海量数据。

所采集的数据一般是被转换为电信号的各种物理量，如温度、水位、风速、压力等。一类是模拟量，一类是数字量。采集一般采用采样方式，即每隔一定时间（称采样周期）对同一点数据重复采集。采集的数据大多是瞬时值，也可是某段时间内的一个特征值。准确的数据量测是数据采集的基础。

由于数据源的种类多、数据的类型繁杂、数据量大，并且产生的速度快，传统的数据采集方法无法完全胜任。所以，大数据采集面临着许多技术挑战。一方面需要保证数据采集的可靠性和高效性，另一方面还要避免重复数据。

一、大数据的分类分级

（一）数据分类分级的含义

国际上一般把数据分类分级统称为"Data Classification"，对数据划分的级别（Classification Level）和种类（Classification Category）进行描述。数据分类被广泛定义为按相关类别组织数据的过程，以便可以更有效地使用和保护数据，并使数据更易于定位和检索。在风险管理、合规性和数据安全性方面，数据分类尤其重要。

我国将数据分类与分级进行了区分，分类强调的是种类的划分，即按照属性、特征的不同而划分为不同的种类；分级侧重于按照划定的某种标准，对同一类别的属性按照高低、大小进行级别的划分。对于分类与分级两项工作，目前没有法规或标准明确阐明其顺序关系，但一般都是遵循先分类再分级的顺序。比如2020年4月，发布的《关于构建更加完善的要素市场化配置体制机制的意见》中的第二十二条："推动完善适用于大数据环境下的数据分类分级安全保护制度，加强对政务数据、企业商业秘密和个人数据的保护。"可以看出该意见对于数据进行了基础的划分——政务数据、企业商业秘密和个人数据，然后才是在基本分类下进行细化分级保护，即先分类再分级，这在逻辑上也更清晰。

数据分类分级是确定数据保护和利用之间平衡点的一个重要依据，为政务数据、企业商业秘密和个人数据的保护奠定了基础。

（二）大数据分类分级的相关标准

1.ISO/IEC27001：2013（以下简称ISO27001）

ISO27001是建立信息安全管理体系（ISMS）的一套需求规范，其中详细说明了建立、实施和维护信息安全管理体系的要求，指出实施机构应该遵循的风险评估标准。该标准指出信息分类的目标是确保信息按照对组织的重要程度受到适当的保护。其中的附录A规范了应参考的控制目标和控制措施，对信息分类也提出了明确要求，如表5-1所示。

表5-1　ISO27001对信息分类的要求

A.8.2信息分类		
目标：确保信息得到与其重要性程度相适应的保护		
A.8.2.1	信息的分类	控制措施信息应按照法律要求，对组织的价值、关键性和敏感性进行分类
A.8.2.2	信息的标记	控制措施应按照组织所采纳的分类机制建立和实施一组合适的信息标记和处理程序
A.8.2.3	资产的处理	控制措施应按照组织所采纳的信息分类机制，建立和实施一组合适的处理规程

2.NIST Special Publication 1500-2

美国国家标准与技术研究院（NIST）于2013年5月成立了NIST大数据公开工作组（NBD-PWG），2015年9月编写形成并发布大数据互操作性框架NIST Special Publication 1500，2018年3月又对其进行了更新。它包括7个分册，其中第2册大数据分类法提出了基于大数据参考架构（NBDRA）的角色样本分类体系。

按照NBDRA所提出的分类法，NIST将每个元素分解成多个部分，提供了特定粒度数据对象的描述以及属性、特征和子特征，通过从不同粒度级别对数据特征进行观测，帮助理解特征及新型大数据模式对这些特征的改变。从最小级别的数据元素开始描述，NIST将大数据的数据状态分为数据元素、记录、数据集和多个数据集4个层次。数据元素关注的是数据价值、元数据和语义等特征，数据元素被分配到特定实体、事件中形成了记录，用来表征更复杂的数据组织结构和事件，记录进行分组后形成了数据集，多个数据集汇聚后融合了多种数据集特征，体现了大数据的多样性。

3.我国数据分类分级标准

2019年5月正式发布的《信息安全技术网络安全等级保护安全设计技术要求》（GB/T25070-2019）提出，网络运营单位应对信息分类与标识方法做出规定，并对信息的使用、传输和存储等进行规范化管理，对重要数据资产应进行分类分级管理。2020年4月，发布《关于构建更加完善的要素市场化配置体制机制的意见》，明确提出要"推动完善适用于大数据环境下的数据分类分级安全保护制度，加强对政务数据、企业商业秘密和个人数据的保护"。2020年7月2日发布的《中华人民共和国数据安全法（草案）》第19条明确规定了数据的分类分级保护制度，要求"根据数据在经济社会发展中的重要程度，以及一旦遭到篡改、破坏、泄露或者非法获取、非法利用，对国家安全、公共利益或者公民、组织合法权益造成的危害程度，对数据实行分类分级保护"。

（三）大数据分类分级原则

根据国家标准《信息安全技术大数据安全管理指南》（GB/T37973-2019）的要求，数据分类分级时，需要满足以下4条原则：

1.科学性

按照数据的多维特征及其相互间逻辑管理进行科学和系统的分类，按照大数据安全需求确定数据的安全等级。

2.稳定性

以数据最稳定的特征和属性为依据制定分类和分级方案。

3.实用性

数据分类要确保每个类下要有数据，不设没有意义的类目，数据类目划分要符合对数据分类的普遍认识。数据分级要确保分级结果能够为数据保护提供有效信息，应提出分级安全要求。

4.扩展性

数据分类和分级方案在总体上应具有概括性和包容性，能够针对组织的各种类型数据开展分类和分级，并满足将来可能出现的数据的分类和分级要求。

二、大数据采集安全管理

在采集外部客户、合作伙伴等相关方数据的过程中，组织应明确采集数据的目的和用途，确保满足数据源的真实性、有效性和最少够用等原则，并明确数据采集渠道、规范数据格式以及相关的流程和方式，保证数据采集的合规性、正当性和一致性。

（一）大数据采集方法

根据数据源的不同，大数据采集方法也不相同。但是为了能够满足大数据采集的需要，大数据采集时都使用了大数据的处理模式，即MapReduce分布式并行处理模式或基于内存的流式处理模式。针对4种不同的数据源，大数据采集方法有以下几大类：

1.数据库采集

传统企业会使用关系型数据库MySOL和Oracle等来存储数据。随着大数据时代的到来，Redis、MongoDB和HBase等NoSQL数据库也常用于数据的采集。

企业通过在采集端部署大量数据库，并在这些数据库之间进行负载均衡和分片，来完成大数据采集工作。

2.系统日志采集

系统日志采集主要是收集公司业务平台日常产生的大量日志数据，供离线和在线的大数据分析系统使用。

高可用性、高可靠性、可扩展性是日志收集系统所具有的基本特征。系统日志采集工具均采用分布式架构，能够满足每秒数百兆的日志数据采集和传输需求。

3.网络数据采集

网络数据采集是指通过网络爬虫或网站公开API等方式从网站上获取数据信息的过程。

网络爬虫会从一个或若干初始网页的URL开始，获得各个网页上的内容，并且在抓取网页的过程中，不断从当前页面上抽取新的URL放入队列，直到满足设置的停止条件为止。这样可以将非结构化数据、半结构化数据从网页中提取出来，存储在本地存储系统中。

4.感知设备数据采集

感知设备数据采集是指通过传感器、摄像头和其他智能终端自动采集信号、图片或录像来获取数据。

大数据智能感知系统需要实现对结构化、半结构化、非结构化的海量数据的智能化识别、定位、跟踪、接入、传输、信号转换、监控、初步处理和管理等。其关键技术包括针对大数据源的智能识别、感知、适配、传输、接入等。

（二）大数据采集管理方法

（1）应明确数据采集的渠道和外部数据源，并对外部数据源的合法性进行确认。

（2）应明确数据采集范围、数量和频度，确保不收集与提供服务无关的个人信息和重要数据。

（3）应明确组织数据采集的风险评估流程，针对采集的数据源、频度、渠道、方式、数据范围和类型进行风险评估。

（4）应明确数据采集过程中个人信息和重要数据的知悉范围和需要采取的控制措施，确保采集过程中的个人信息和重要数据不被泄露。

（5）应明确自动化采集数据的范围。

三、数据源鉴别与记录

对产生数据的数据源进行身份鉴别和记录，防止数据仿冒和数据伪造。

（一）采集来源管理

采集来源管理的目的是确保采集数据的数据源是安全可信的，确保采集对象是可靠的，没有假冒对象。采集来源管理可通过数据源可信验证技术实现，包括可信认证（PKI数字证书体系，针对数据传输）以及身份认证技术（指纹等生物识别，针对关键业务数据修改操作）等。

1.PKI数字证书

PKI（Public Key Infrastructure，公钥基础设施），是通过使用公钥技术和数字证书来提供系统信息安全服务，并负责验证数字证书持有者身份的一种体系。PKI技术是信息安全技术的核心。PKI保证了通信数据的私密性、完整性、不可否认性和源认证性。

2.身份认证技术

身份认证是指在计算机及计算机网络系统中确认操作者身份的过程，确定该操作者是否具有对某种资源的访问和使用权限，进而使计算机和网络系统的访问策略能够可靠、有效地执行，防止攻击者假冒合法用户获得资源的访问权限，保证系统和数据的安全，以及授权访问者的合法利益。目前身份认证的主要手段有：

（1）静态密码：用户的密码是由用户自己设定的。在网络登录时输入正确的密码，计算机就认为操作者就是合法用户。静态密码机制无论是使用还是部署都非常简单，但从安全性上讲，用户名/密码方式是一种不安全的身份认证方式。

（2）智能卡：智能卡认证是通过智能卡硬件的不可复制性来保证用户身份不会被仿冒。

（3）短信密码：身份认证系统以短信形式发送随机的6位动态密码到用户的手机上。用户在登录或者交易认证时输入此动态密码，从而确保系统身份认证的安全性。

（4）动态口令：动态口令是应用最广的一种身份识别方式，一般是长度为5～8的字符串，由数字、字母、特殊字符、控制字符等组成。

（5）USB Key：USB Key是一种USB接口的硬件设备。它内置单片机或智能卡芯片，有一定的存储空间，可以存储用户的私钥以及数字证书，利用USB Key

内置的公钥算法实现对用户身份的认证。由于用户私钥保存在密码锁中，理论上使用任何方式都无法读取，因此保证了用户认证的安全性。

（6）生物识别：生物识别技术是指通过计算机利用人类自身的生理或行为特征进行身份认定的一种技术。生物特征的特点是人各有异、终生（几乎）不变、随身携带，这些身体特征包括指纹、虹膜、掌纹、面相、声音、视网膜和DNA等人体的生理特征，以及签名的动作、行走的步态、击打键盘的力度等行为特征。指纹识别技术相对成熟，是一种较为理想的生物认证技术。

（7）双因素：所谓双因素就是将两种认证方法结合起来，进一步加强认证的安全性。

（二）数据溯源方法

目前数据溯源的主要方法有标注法和反向查询法。

1.标注法

标注法是一种简单且有效的数据溯源方法。通过记录处理相关的信息来追溯数据的历史状态，即用标注的方式来记录原始数据的一些重要信息，如背景、作者、时间、出处等，并让标注和数据一起传播，通过查看目标数据的标注来获得数据的溯源。

采用标注法进行数据溯源虽然简单，但存储标注信息需要额外的存储空间。因此，标注法并不适合细粒度数据，特别是大数据集中的数据溯源。

2.反向查询法

反向查询法是通过逆向查询或构造逆向函数对查询求逆，或者根据转换过程反向推导，由结果追溯到原始数据的过程。反向查询法的关键是要构造出逆向函数，逆向函数构造得好与坏直接影响查询的效果以及算法的性能，与标注法相比，它比较复杂，但需要的存储空间比标注法要小。反向查询法的操作过程主要包括信息获取、信息存储、异构数据处理三个部分。

信息获取：信息获取的原理和过程可以以数据库中的层次结构为例。在每个数据库中都具有所有者、数据库、数据表、表字段、数据这几层结构，如果想对一个数据库进行详细而完整的溯源，那就需要将这个数据库的所有者、所有库、所有库的表、所有表的字段的7W（who、when、where、how、which、what、why）信息进行记录，并将这些记录与数据保存在数据库中以供查询。

信息存储：一种是基于RDBMS存储方案，此方案基于关系型数据，通过扩充属性的方式来存储溯源信息，即将溯源信息直接存储在关系数据库的二维表中。另一种是基于树形文档存储方案，树形存储方案是将元组、树形、溯源信息作为树的节点来存储，对于带有标注的源数据需要在原树形结构中增加一个子节点，用来表示信息的来源。

要实现数据溯源，溯源信息的存储非常关键。因为溯源信息需要存储空间来存储，存储方式对数据溯源的性能起着关键性作用。

异构数据处理：随着时间的推移和应用的需要，将产生各种各样的数据源，如MySQL、Oracle、SOL Server等。应用程序想要操作不同类型的数据库只需要调用数据库访问接口，动态链接到驱动程序上即可，再通过数据转换工具形成统一的目标数据库，数据溯源信息将通过这种途径传递到目标数据库中。

（三）数据溯源记录

针对采集的数据在数据生命周期过程中进行数据溯源记录，对数据流路径上的每次变化情况保留日志记录，保证结果的可追溯，以及数据的恢复、重播、审计和评估等功能。

（四）数据源鉴别及记录安全策略

组织在开展数据源鉴别及记录活动的过程中应遵循如下基本要求，防止数据仿冒和伪造：

（1）设立负责数据源鉴别和记录的岗位和人员。

（2）明确数据源管理制度，对采集的数据源进行鉴别和记录。

（3）采取技术手段对外部收集的数据和数据源进行识别和记录。

（4）对关键溯源数据进行备份，并采取技术手段对溯源数据进行安全保护。

（5）确保负责该项工作的人员理解数据源鉴别标准和组织内部的数据采集业务，并结合实际情况执行标准要求。

（6）制定数据源管理的制度规范，定义数据溯源安全策略和溯源数据格式等规范，明确提出对数据源进行鉴别和记录的要求。

（7）通过身份鉴别、数据源认证等安全机制确保数据来源的真实性。

四、大数据质量管理

大数据质量问题一直是困扰数据资产价值提升的重要因素。大数据质量管理是指从组织视角和技术层面，对大数据从采集、存储到分析利用的整个生命周期内可能引发的各类数据质量问题进行识别、度量、监控、预警等一系列管理活动，并通过改善和提高组织的管理水平使得数据质量获得进一步提高。

（一）影响大数据质量的因素

描述大数据的数据称为元数据，又称为中介数据、中继数据，用来支持如指示存储位置、历史数据、资源查找、文件记录等功能。

影响大数据质量的因素主要来源于四个方面：业务因素、技术因素、流程因素和管理因素。业务因素，主要是因元数据描述及理解错误、数据各类属性不清等造成的数据质量问题；技术因素，是因数据处理的各技术不熟练或异常造成的数据质量问题；流程因素，是因数据产生或使用流程造成的数据质量问题；管理因素，是指由于人员素质或机制体制等原因造成的数据质量问题。

（二）大数据质量管理流程

1.设计元数据

消除业务因素对数据质量产生的影响。即在建立元模型、元数据过程中，通过元模型来规范元数据，通过元数据来规范目标数据库，重点解决数据质量中的规范性、一致性、唯一性和准确性。

2.制定数据质量管理要求

重点消除因管理因素对数据质量产生的影响。数据质量管理相关的要求包括元数据标准、数据质量控制规范、数据质量评价规则和方法等，主要是为了确保数据在汇集治理、存储交换和应用服务等数据生命周期中的数据质量，为更广泛地应用数据提供高质量的规范化数据资源。这一过程主要从全局保障数据质量。

3.汇集治理数据

充分利用信息技术，并借助软件工具辅助完成，重点消除技术因素对数据质量产生的影响。即依据元数据、数据标准、数据规范和要求，设定科学的数据抽取、规范、转换、加载的方法和流程，然后编制软件工具，通过技术手段，将部分流程固化到软件中，再通过规范的操作，将源数据库中的数据值、数据格式等进行汇集治理，存入目标库。这一过程重点解决数据质量中的规范性、准确性、充足性和关联性。

4.核查和矫正目标数据

按照数据质量的要求，结合信息技术，重点消除因流程、业务和管理因素对数据质量产生的影响。首先要根据上一步制定的数据质量评价参数、方法和评价规范进行软件设计，将评价参数、方法和评价规范融于软件工具中，操作软件进行自动检验和质量评价。然后根据数据和问题的不同，提供自动和人工两种矫正方式。这一过程重点解决数据质量中的完整性、一致性、准确性和关联性。

第二节　大数据的导入导出

通过在大数据的导入导出过程中对数据的安全性进行管理，防止数据导入导出过程可能对数据自身的可用性和完整性构成的危害，降低可能存在的数据泄露风险。

一、基本原则

当前控制数据的组织应对数据负责，当数据导入本地或导出到其他组织时，责任不随数据的转移而转移；

对数据导出到其他组织所造成的数据安全事件承担安全责任；

在数据导入导出前进行风险评估，确保数据导入导出后的风险可承受；

通过合同或其他有效措施，明确界定导入导出的数据范围和要求，确保其提供同等或更高的数据保护水平，并明确导入方的数据安全责任；

采取有效措施，确保数据导入导出后的安全事件责任可追溯。

二、安全策略

依据数据分类分级要求，建立符合业务规则的数据导入导出规则。常用的安全策略包括但不限于：

（一）授权策略

采取多因素鉴别技术，对数据导入导出的操作人员进行身份鉴别，对数据导入导出的终端设备、用户或服务组件执行有效的访问控制。

（二）流程控制策略

在导入导出完成后，对数据导入导出通道缓存的数据进行删除。保证导入导出过程中涉及的数据不会被恢复。

（三）不一致处理策略

保存导入导出过程中的出错数据处理记录，对导入导出过程进行审计，保证导入导出行为可追溯。

三、制度流程

安全责任单位应当依法制定数据导入导出的制度，采取安全保护措施，并对导入导出数据的行为进行监督。

（1）应明确数据导出安全评估和授权审批流程，评估数据导出的安全风险，并对大量或敏感数据导出进行授权审批。

（2）采用存储媒体导出数据，建立针对导出存储媒体的标识规范，明确存储媒体的命名规则、标识属性等重要信息，定期验证导出数据的完整性和可用性。

（3）制定导入导出审计策略和日志管理规程，并保存导入导出过程中的出错数据处理记录。

四、数据的导入

数据的导入在"外部数据"选项卡"导入并链接"组中实现，Access 2010可导入的外部数据的类型有：Access、ODBC和dBASE 数据库，Excel电子表格，文本文件，XML文件，SharePoint列表，HTML文件，Outlook文件夹等。下面详细介绍常用的Access数据库对象、Excel电子表格和文本文件的导入。

（一）导入Access 数据

Access 提供了直接导入其他Access数据库文件的功能，这样，可以在不打开其他数据库的情况下直接使用其他的Access数据库。另外，导入形成的Access数据表对象和新建的数据表对象一样，与外部数据源无任何联系。

导入Access 数据库文件时，可以通过选择导入对象，实现全部数据库和库中部分数据表文件的导入。

【任务1】为新建数据库"X–CJ"导入"医学信息"数据库中"CJ"表的信息。

操作步骤：

（1）启动Access 2010。

（2）新建数据库。选择"文件"|"新建"命令，在面板中间"可用模板"区域选择"空数据库"，在面板右侧"空数据库"区域"文件名"框中输入"X–CJ"，单击文本框后的"浏览"按钮，选择保存新建数据库的存储位置为D：\单击"创建"按钮。

（3）打开获取外部数据对话框。单击"外部数据"选项卡"导入并链接"组中的"Access"按钮，弹出"获取外部数据–Access数据库"对话框。

（4）选择数据源和目标。单击"浏览"按钮，选择拟导入的"医学信息"数据库，在"指定数据在当前数据库中的存储方式和存储位置"处，选中"将表、查询、窗体报表、宏和模块导入当前数据库"单选按钮。

（5）定义导入对象。单击"确定"按钮，弹出"导入对象"对话框。选择"表"选项卡，选择"CJ"，单击"确定"按钮。

（6）保存导入步骤。在弹出的"获取外部数据–Access 数据库"对话框中选中"保存导入步骤"复选框，单击"保存导入"按钮。

（7）将"医学信息"数据库中的"CJ"表内容导入新建数据库"X–CJ"中，在导航窗格中双击"CJ"。打开D盘，看到新建的数据库文件"X–CJ"。

（二）利用链接表导入数据

Access数据库使用外部数据的方法，除了可以直接导入其他Access 数据库文件外，还可以从Access数据库链接到要访问的数据。导入和链接的区别在于：导入实现的是将源数据复制到目标对象，导入后的数据与源数据是独立的；链接只是建立了引用关系，没有将源数据复制，链接后的数据随着源数据的变化而变化；修改数据时，对数据源的操作同时实现了对目标数据的修改。另外，当要使用的数据库比较大时，通过链接的方式可以较好地解决存储空间的问题。

【任务2】使用链接表方式为新建数据库"X-GH"导入"医学信息"数据库中的"GH"表。

操作步骤：

（1）启动Access 2010。

（2）建立新数据库。选择"文件"｜"新建"命令，在"可用模板"区域选择"空数据库"，在面板右侧"空数据库"区域"文件名"文本框中输入"X-CH"，单击"浏览"按钮，选择保存新建数据库的存储位置为 D：\，单击"创建"按钮。

（3）打开获取外部数据对话框。单击"外部数据"选项卡"导入并链接"组中按钮，打开"获取外部数据-Access 数据库"对话框。

（4）选择数据源和链接表方式。单击"浏览"按钮，选择拟链接的"医学信息"数据库，在"指定数据在当前数据库中的存储方式和存储位置"处，选中"通过创建链接表来链接到数据源"单选按钮。

（5）定义链接对象。单击"确定"按钮，弹出"链接表"对话框，在"表"选项卡中选择"GH"表。

（6）单击"确定"按钮，实现使用链接表方式对"医学信息"数据库中GH表的导入。在导航窗格中双击 GH，导航窗格中，GH 表前面有箭头标识表示此表为链接导入数据。

（7）修改链接表方式导入的表中的信息。在 GH 表中，将ID号为13患者的挂号时间由原来的"9/9/2007"改为"8/9/2007"，保存修改后的GH表。

（8）源数据表中信息更新。打开"医学信息"数据库文件中的GH表，观察表中ID号为13患者的挂号时间，已被修改为"8/9/2007"。

【任务3】使用链接表方式为新建数据库X-KC导入KCxlsx文件。

操作步骤：

（1）启动Access 2010。

（2）建立新数据库。选择"文件"｜"新建"命令，在"可用模板"区域选择"空数据库",在面板右侧"空数据库"区域"文件名"文本框中输入 X-KC,单击"浏览"按钮,选择保存新建数据库的存储位置为 D:\单击"创建"按钮。

(3)打开获取外部数据对话框。单击"外部数据"选项卡"导入并链接"组中 Excel按钮,打开"获取外部数据-Excel电子表格"对话框。

(4)选择数据源和链接表方式。单击"浏览"按钮,选择拟链接的文件 KCxlsx,在"指定数据在当前数据库中的存储方式和存储位置"处,选中"通过创建链接表来链接到数据源"单选按钮。

(5)设置链接数据表向导。单击"确定"按钮,弹出"链接数据表向导"对话框,单击"完成"按钮。

(6)单击"确定"按钮完成了使用链接表方式将KCxlsx 文件导入X-KC数据库的操作,在导航窗格中双击 KC。

(7)修改源文件KCxlsx 中的信息。退出X-KCacedb 数据库,打开文件 KCxlsx,将课程编号为"2001"的课程名称由原来的"日语"改为"英语",保存修改后的文件 KCxlsx。

(8)导入数据库表中信息更新。打开 D盘的数据库文件-KCacdb 中的链接表KC观察表中课程编号为"2001"的课程名称,已被修改为"英语"。

(三)导入Excel数据

Excel电子表格是日常工作中常用的数据处理工具,具有强大的数据处理功能,但随着数据量的增大,其对数据的更新和组织变得比较困难。另外,在处理数据表之间关系时,也比较复杂。Excel和Access 可以方便地进行数据格式的相互转换,且Access 又能完成 Excel所不能完成的工作。因此,实现 Excel 与Access之间的数据交换,将会最大限度地提高工作效率。需注意的是,Access 每次只能导入 Excel的一个工作表,不能导入整个工作簿。

【任务4】将DOCTORxlsx 电子表格导入 Access,并将其保存为 Excel-DOCTOR 表。

操作步骤

(1)启动Access 2010。

(2)建立新数据库。选择"文件"|"新建"命令,在"可用模板"区域双

击"空数据库"；或在面板中间"可用模板"区域选择"空数据库"，在面板右侧空数据库区域单击"创建"按钮，新建一个数据库。

（3）选择数据源和目标。单击"外部数据"选项卡"导入并链接"组中的Excel按钮，弹出"获取外部数据-Excel 电子表格"对话框，单击"浏览"按钮，选择拟导入的"DOCTORxlsx"电子表格，在"指定数据在当前数据库中的存储方式和存储位置"处，选中"将源数据导入当前数据库的新表中"单选按钮。

（4）导入数据表。单击"确定"按钮，弹出"导入数据表向导"对话框。选中"显示工作表"单选按钮，选择DOCTOR 工作表，单击"下一步"按钮。

（5）指定数据表标题行。在"导入数据表向导"对话中选中"第一行包含标题"复选框，因导入的DOCTORxlsx电子表格中第7列和8列数据没有字段名称，弹出对话框，显示无效字段名称警示。

（6）设置有效字段名称。单击"确定"按钮，为第一行第7 列和8 列分别赋予有效的字段名称"字段7"和"字段8"。

（7）指定字段选项。单击"下一步"按钮，在对话框中，选择"字段7"列，在"字段选项"区中选择"不导入字段（跳过）"复选框；选择"字段8"列在"字段选项"区的"字段名称"文本框中输入"医生介绍"。

（8）主键的设置。单击"下一步"按钮，选中"不要主键"前单选按钮。

（9）设置导入到表名称。单击"下一步"按钮，在"导入到表"文本框中输入 Excel-DOCTOR。

（10）保存新表。单击"完成"按钮，在弹出的"获取外部数据-Excel 电子表格"对话框中选中"保存导入步骤"复选框，单击"保存导入"按钮。

（11）实现了DOCTORxlsx电子表格导入Access 的操作，并将其保存为 Excel-DOCTOR表，在导航窗格中双击Excel-DOCTOR。

（四）导入TXT文本数据

TXT文本文件常被用来保存科研程序的中间及最终计算结果，但对TXT文本文件数据进行再处理时非常不方便，将TXT 文本文件导入 Access 数据库，可以快捷方便地实现其数据的处理。

【任务5】将XKtxt文本文件导入Access，并将其保存为 Txt-XK 表。

操作步骤：

（1）启动 Access 2010

（2）创建新数据库。选择"文件"|"新建"命令，在"可用模板"区域双击"空数据库"；或在"可用模板"区域选择"空数据库"，在面板右侧"空数据库"区域单击"创建"按钮，新建一个数据库。

（3）选择数据源和目标。单击"外部数据"选项卡"导入并链接"组中的"文本文件"按钮，弹出"获取外部数据－文本文件"对话框。单击"浏览"按钮，选择拟导入的XK文本文件，在"指定数据在当前数据库中的存储方式和存储位置"处，选中"将源数据导入当前数据库的新表中"单选按钮。

（4）设置文本格式。单击"确定"按钮，弹出对话框，选中"带分隔符－用逗号或制表符之类的符号分隔每个字符"单选按钮；单击"下一步"，弹开对话框；单击"高级"按钮，打开"XK导入规格"对话框。可在此修改文本格式、设置字段名，单击"确定"按钮。

（5）设置字段选项。单击"下一步"按钮，弹出对话框。选择"字段1"列，在"字段选项"区"字段名称"后框内输入"ID"，在"数据类型"后框内选择"整型"；选择"字段2"列，在"字段选项"区"字段名称"后框内输入"XKID"；选择"字段3"列，在"字段选项"区"字段名称"后框内输入"SCORE"，在"数据类型"后框内选择"单精度型"。

（6）设置主键。单击"下一步"按钮，在弹出的对话框中选中让Access 添加主键单选按钮。

（7）保存导入表。单击"下一步"按钮，在"导入到表"文本框内输入"Txt-XK"，单击"完成"按钮。不选择"保存导入步骤"复选框，完成导入。

五、数据的导出

数据的导出是将现有的数据用另外的数据形式存储，Access 2010 可导出的外部数据的类型与可导入的文件类型几乎相同，增加了"PDF或XPS""电子邮件""Word"及"Word合并"几项。导出的结果数据和原来的Access 数据没有直接关系，对结果数据的修改不会影响原Access数据，下面详细介绍如何导出数据到其他 Access 数据库、Excel电子表格、TXT文本数据和如何按保存的步骤导出数据。

（一）导出到其他Access 数据库

Access 提供了将其数据库导出到其他Access 数据库文件的功能，方便各种Access 数据库之间的数据信息交换。

【任务6】将"医学信息"数据库中的TJ表导出到"医学信息-TJ"数据库中的X-TJ表。

操作步骤：

（1）启动 Access 2010。

（2）新建数据库。选择"文件"|"新建"命令，在"可用模板"区域选择"空数据库"，在面板右侧"空数据库"区域"文件名"文本框中输入"医学信息-TJ"，单击"浏览"按钮，选择保存新建数据库的存储位置为 D：\，单击"创建"按钮。新建一个"医学信息-TJ.accdb"数据库文件。

（3）选择导出数据库。打开"医学信息"数据库，在导航窗格中双击 TJ，单击"外部数据"选项卡"导出"组中的"Access"按钮，弹出"导出-Access数据库"对话框。单击"浏览"按钮，选择D盘新建的"医学信息-TJacedb"数据库。

（4）指定导出表。单击"确定"按钮，弹出"导出"对话框，在"将TJ导出到"文本框中输入"X-TJ"，在"导出表"区域，选中"定义和数据"单选按钮。

注意：如果选择"仅定义"项，导出的表将不包含数据记录，只导出了表结构。

（5）保存导出步骤。单击"确定"按钮，在弹出的"导出-Access 数据库"对话框中选中"保存导出步骤"复选框，单击"保存导出"按钮。

（6）将"医学信息"数据库中的TJ表导出到"医学信息-TJ"数据库中名为X-TJ的表中，打开"医学信息-TJ"数据库中的X-TJ表。

（二）导出到Excel 电子表格

Excel是Office 中便捷的表格编辑软件，Access中的数据表、查询、窗体等都可以直接导出成Excel电子表格。

【任务7】将"医学信息"数据库中的XSQK表导出到名为"医学信息-XSQKxlsx"的电子表格。

操作步骤:

（1）启动Access2010，打开"医学信息"数据库。

（2）指定导出表。在导航窗格中双击XSQK，选择"医学信息"数据库中的XSQK表。单击"外部数据"选项卡"导出"组中的"Excel"按钮，弹出"导出-Excel电子表格"对话框。

（3）选择数据导出操作的目标。单击"浏览"按钮，弹出"保存文件"对话框，在对话框中修改文件名为"医学信息-XSQKxlsx"，文件的保存地址为"D"盘。

（4）保存导出步骤。单击"确定"按钮，弹出"保存导出步骤"对话框，选中"保存导出步骤"复选框，单击"保存导出"按钮。

（5）将"医学信息"数据库中的XSQK表导出到"D"盘的"医学信息-XSQKxlsx"电子表格中，打开"医学信息-XSQKxlsx"电子表格。

（三）导出为TXT文本数据

Access中的数据表、查询、窗体等都可以直接导出为文本文件，还可以导出数据表视图的选中部分。另外，在导出表和查询时，既可以导出整个对象，也可以只导出其中的数据而忽略其他额外的格式设置。

使用导出向导可将数据表导出为文本文件，同时可选择多种文本文件的格式。

【任务8】将"医学信息"数据库中的CJ表导出到名为"医学信息-CJ"的文本文件。

操作步骤:

（1）启动Access 2010，打开"医学信息"数据库。

（2）指定导出表。在导航窗格中双击CJ，打开"医学信息"数据库中的CJ表。单击"外部数据"选项卡"导出"组中的"文本文件"按钮，弹出"导出-文本文件"对话框。

（3）选择数据导出操作的目标。单击"浏览"按钮，弹出"保存文件"对话框，在对话框中修改文件名为"医学信息-CJ"，文件的保存地址为

"D"盘。

（4）设置文件格式。单击"确定"按钮，弹出"导出文本向导"对话框，选中"带分隔符–用逗号或制表符之类的符号分隔每个字段"单选按钮。

（5）选择分隔符。单击"下一步"按钮，弹出对话框，选择分隔符为"逗号"。

注：此时若想改变文件格式时，可单击"高级"按钮，弹出"医学信息–CJ导出规格"对话框，在"文件格式"区选中"固定宽度"单选按钮。

（6）保存导出。单击"下一步"按钮，可在"导出文本向导"对话框中的"导出到文件"框内修改导出的文件名，或选择默认，单击"完成"按钮，弹出"保存导出步骤"对话框，选中"保存导出步骤"复选框，单击"保存导出"按钮完成导出到文本文件。

（7）打开"D"盘的"医学信息–CJ"文本文件。

（四）根据保存的步骤导出数据

Access 2010在导入/导出数据时，提供了保存步骤的功能，这些保存的步骤主要有两个功能：

（1）导入/导出文件的更新。当被导入/导出的源数据文件有更改，需要重新导入/导出时，可直接重复执行保存的步骤即可完成数据文件的导入/导出。

（2）导入/导出的操作重复执行。通过更改目标文件的保存位置、文件名等信息，完成数据源的多次导出，或者是更改需要导入的源文件，完成不同文件的导入。

使用保存步骤进行导入/导出重复操作时，如果不改变原来目标文件的文件名和存储地址等，新导入/导出的文件将覆盖原来的文件。

【任务9】多次导出"医学信息"数据库中的GH表。

操作步骤：

（1）启动Access2010，打开"医学信息"数据库。

（2）指定导出表。在导航窗格中双击GH表。

（3）导出数据表到 Excel文件。将GH导出为"医学信息–GHxlsx"导出方法可参考任务7，导出时保存导出步骤。

（4）将GH表换名导出。在"外部数据"选项卡的"导出"组中，单击"已保存的导出"按钮，弹出"管理数据任务"对话框，选择"已保存的导出"选项卡，单击右侧目标文件，将文件名改为"挂号信息xlsx"。单击"运行"按钮，弹出对话框提示保存成功，完成保存。

六、生物医学数据与Access数据库

随着大数据时代的到来，医学基础研究、临床研究、流行病调查、基因组研究等产生了越来越多极具研究价值的数据。其中的很多数据被放在互联网上，供研究人员免费或付费下载使用。这些生物医学领域公开数据库的内容主要涉及疾病数据、药物数据、基因数据、流行病调查数据、临床诊疗数据以及生物医学文献。利用这些公开数据库中的数据，研究人员可以采用最新的研究方法对数据进行分析，在标准数据集上评价、验证、比较不同的数据挖掘算法。

这些数据少则几百条记录，多则上万甚至几十万条记录。由于网络存储、传输速度的限制，为了减小文件大小，便于在网上快速传输和下载，这些数据通常以纯文本的形式（如TXT文件、CSV文件XML文件）保存，而不是以Acess 等数据库文件形式保存。例如，对于一个有7万条记录、以文本文件格式保存的数据库，其文件大小是11 MB；而以Access数据库形式保存时，文件大小可达24 MB，增加了一倍多。因此，从网上下载这些数据库后，通常需要将它们导入到 Access 数据库中，以便利用Access 数据库强大的数据管理、查询、报表等功能管理和使用这些数据。

【任务10】下载与国际疾病分类编码相对应的临床分类编码表，并将其导入到Access 数据库中。

国际疾病分类（International Classification of Diseases，ICD）是世界卫生组织制定的国际统一的疾病分类方法，它根据疾病的病因、部位、病理和临床表现，将疾病进行分类编码。目前应用的是第10 次修订版（ICD-10），共有 155万个编码。临床分类编码CCS for ICD-10-CM/PCS 是基于ICD-10 的疾病分类方案，它将ICD-10 编码组织为更有临床意义的3级编码，可用于确定研究特定疾病或手术的人群，或基于疾病的数据分析。

操作步骤：

（1）下载CCS编码文件。在IE浏览器中打开Healthcare Cost and Utilization Project（HCUP）网站Tools&Software 下载页面（地址"http：//www.hcup us.ahrq.

gov/toolssoftware/ccs10/ccs10.jsp"）。

单击"Downloading Information of CCS for ICD–10–CM/PCS Tool"链接快速跳转到文件的下载位置。

单击"CCS forICD–10–CM"超链接，下载压缩包 ccsdx_icd10cm_2016.zip。

（2）CCS文件预处理。解压缩下载的压缩包后得到ccs_ dx_ icd10cm2016.csv文件。CSV文件是一种以逗号分隔的纯文本文件，双击可以直接在 Excel中打开。

由于CSV文件以逗号分隔字段，因此要删除文本内容中的逗号，以免在导入到Access数据库中时出错。在"开始"选项卡"编辑"组中单击"查找和选择"按钮，在弹出的菜单中选择"替换"，或直接按[Ctl+H]组合键打开"查找和替换"对话框的"替换"选项卡。在查找内容文本框中输入逗号"，"在"替换为"文本框中输入一个空格。

单击"全部替换"删除所有逗号后，单击"关闭"按钮关闭"查找和替换"对话框。保存修改后的电子表格，关闭 Excel。（注：保存过程中若出现提示对话框均单击"是"）

（3）新建一个空白Access 数据库。启动Access 2010，创建一个新数据库，命名为"CCS for ICD–10"。

（4）导入CCS编码文件。单击"外部数据"选项卡"导入并链接"组中的"文本文件"按钮，弹出"获取外部数据—文本文件"对话框。单击"浏览"按钮指定数据源为 cc_sdx_icd10cm_2016.csv文件。单击"确定"按钮弹出"导入文本向导"对话框。确认数据格式是"带分隔符"的，单击"下一步"按钮。

（5）设置字段。选择字段分隔符为"逗号"，选择"第一行包含字段名称"复选框单击"文本标识符"下拉按钮，选择"，"（单引号）。单击"下一步"按钮可修改字段名称和数据类型，此处略过。再单击"下一步"按钮，选择不要主键单选按钮，单击"下一步"按钮。

（6）命名Access数据库的新表。在"导入到表"文本框中输入新表名"CSS for ICD–10"，单击"完成"按钮，关闭对话框。

（7）查看新表。双击导航窗格中的"CSS for ICD–10"表。在步骤（2）中，也可以将 CSV 文件保存为 Excel后再导入Access 中，则在步骤（4）中要单击"外部数据"选项卡"导入并链接"组中的"Excel"按钮，然后参考本章任务4完成后续操作。

【任务11】下载UCI机器学习数据库中皮马印第安人的糖尿病数据库，并将其导入到 Access 数据库中。

糖尿病的发病率因种族而异，其中美国亚利桑那州皮马印第安人（PimaIndian）的糖尿病发病率高达50%。UCI机器学习数据库是美国加州大学欧文分校（University of California Irvine）收集和维护的、用于机器学习的数据库，目前共有 335个数据集，是常用的标准测试数据集。其中的 Pima Indians Diabetes 数据库包含糖尿病患者和非患者的人口学特征和临床特征，常用于评价和比较预测皮马印第安人糖尿病患病风险的模型。

操作步骤：

（1）下载皮马印第安人糖尿病数据。在IE 浏览器中打开UCI Machine Learning Repository页面（地址"http：//mlr.cs.umass.edu/ml/"）。单击页面右上角的 View ALL Data Sets链接显示数据集列表。拖动滚动条找到Pima Indians Diabetes 链接。

单击黄色底纹的 Data Folder 链接，打开下载页面分别右击 pima –indians – diabetes.data 和pima–indians – diabetes.names 链接，在弹出的快捷菜单中选择"目标另存为"命令，分别保存数据文件为 pima–indians –diabetes–datatxt和数据说明文件为 pima–indians – diabetes –names.txt （保存时文件类型选择"所有文件"）。

（2）了解数据的基本情况。用写字板打开数据说明文件pima –indians – diabetes–names.txt，找到第7条"7.For Each Attribute：（all numeric – valued）"'，了解皮马印第安人糖尿病数据文件中9个指标的含义。

（3）新建一个空白Access 数据库。启动 Access 2010，创建一个新数据库，命名为Pima Diabetes。

（4）导入数据。单击"外部数据"选项卡"导入并链接"组中的"文本文件"按钮弹出"获取外部数据—文本文件"对话。单击"浏览"按钮指定数据源为 pima–indians–diabetes–data.txt 文件。单击"确定"按钮，弹出"导入文本向导"对话框。确认数据格式是"带分隔符"的，单击"下一步"按钮。

（5）设置字段。单击"高级"按钮，弹出pima–indians –diabetes –data 导入规格对话框。在"字段信息"区域将字段名依次改为"孕次""血糖""舒张压""皮褶厚度""血清胰岛素""体重指数""年龄"和"是否糖尿病",单击"确定"按钮回到主对话框,然后单击"下一步"按钮。

（6）完成导入。连续两次单击"下一步"按钮,选中"不要主键"单选按钮,直接单击"完成"按钮以默认表名导入数据,单击"关闭"完成。

（7）查看新表。双击导航窗格中的 Pima-indians – diabetes –data 表。

第三节　大数据的查询

一、特权账号管理

特权账号是IT王国的钥匙,特权访问安全是保护核心资产的重要防线。

（一）特权账号特点

1.分布广

一是特权账号散落在各大数据平台、操作系统、业务系统、应用程序中,二是特权账号的持有人分布广。

2.数量多

每个信息系统资产（包括硬件、软件等）都至少包含一个特权账号。一个系统可能会创建多个特权账号。

3.权限大

特权账号具有一定的特殊权限,如增加用户、批量导入导出数据、执行高权限操作、删除核心数据等。根据数据的重要程度,特权账号权限越大,安全风险也就越大。

（二）特权账号存在的风险

1.特权账号保管不善

容易导致登录凭证泄露、丢失,被恶意攻击者、别有用心者获取。攻击者利用该登录凭证非授权访问业务系统，进而可能导致系统数据被删除、恶意增加管理员权限、非法下载大量数据等。

2.特权账户在创建、使用、保存、注销等全过程中面临较大泄露风险

比如有些特权账户需要进行多次流转（从超级管理员到普通管理员传递），目前普遍采用邮件、微信的方式进行传递，有些安全意识较高的可能还进行加密处理，有些安全意识差的或者应急场景下，密码明文传输比比皆是。攻击者若获取部分账户、密码，可能会对企业进行大范围的横向扩展攻击，导致系统遭受大面积入侵。

3.特权账号持有者恶意破坏

对自身运维的信息系统进行恶意破坏，比如删库、格式化等操作。

4.特权账号持有者操作失误

人总是会犯错误，特别是在非常疲惫的情况下更容易操作失误，因特权账号具有较高的维护权限，所做出的误操作破坏性更大。

（三）特权账号管理方法

1.账户集中管理

高度分散的特权账户不利于安全管控，只有将特权账户集中起来才能进行一些有效的管理，比如实施统一的安全策略、审计等。

2.密码口令管理

特权账户管理的核心是密码管理，要能通过自动化手段定期对密码进行修改、设置密码安全策略等，使得密码口令满足高复杂度、一机一密、定期修改等要求。

3.账户自动发现

任何系统在从建立到销毁过程的全生命周期中，可能持续数年，这期间因测试需要、人员变动等原因，可能建立了很多长期未使用的账户。由于这些账户长期缺乏维护，风险很大。因此，特权账户管理需要具有能够发现僵尸账户、多余账户的能力。

4.访问管理

堡垒机功能仅仅是特权账号解决方案的一部分，须纳入特权账号解决方案的整体进行考虑。

5.提供密码调用服务

密码口令托管之后，能提供有效的API接口以供下游系统调用，并对密码进行定期修改。

6.流程控制

在特权账号的使用流程中设置关键控制点，增加审批和确认流程，以减少特权账号的误操作和恶意操作风险。

7.日常监控

通过集中的特权账号管理平台，对用户的操作行为进行识别，阻断高危操作。

8.日常审计

在风险管理领域，有著名的"三道防线"论，即建设、风险管理和审计。在特权账户管控方面，制度建设、流程建设和技术管控手段是第一道防线，风险管理是第二道防线。定期事后审计评估安全措施是否落实到位并整改，是安全管控措施的最后一道防线。无论多么好的制度、流程、技术或运营手段，如果缺少适当的审计措施都可能存在"制度落实不到位，流程流于形式，技术管控失效"等问题。

二、敏感数据的访问控制

保护所有数据的代价较高，因此敏感数据保护是大数据安全管理的核心目标之一。敏感数据如财务数据、供应链数据、客户票据、验证票据等。

（一）敏感数据访问控制的背景

自主访问控制系统在大数据安全方面具有理论缺陷。例如，用户对某某对象具有所有权或控制权，导致访问权限过大，破坏了"最小权限原则"而带来安全隐患。

由于数据的价值不同、敏感度不同，需要建立敏感数据集合。根据《信息安全技术网络安全等级保护基本要求》（GB/T22239–2019），需要建立强制访问控制系统，对敏感数据进行管理。

（二）敏感数据访问控制的作用

做好敏感数据的强制访问控制具有现实意义：

1.有效提升对运维人员和其他内部人员的管理

在保护好敏感数据的同时，避免运维人员和其他内部人员有意或无意造成安全事件。

2.有效管理驻场服务的合作伙伴

信息系统高度依赖合作伙伴，用户为了支持合作伙伴工作，往往分配较高的访问权限。相比企业自身的运维人员，合作伙伴员工具有流动性而不易管理，以及对数据结构更加熟悉，因此具有更大的安全风险。

3.有效防范IT外包服务人员

该类人员基本等同于内部运维人员，但是相对具有更高的技术。该类人员流动几乎完全不受管制，一旦其具有过高的权限，信息安全事件随时可能爆发。由于"最小权限原则"实施的困难性，几乎所有的IT外包服务人员都具有很高的权限，甚至普遍具有DBA管理权限。作为一项基本安全措施，IT外包服务人员不得具备访问敏感数据的能力。

4.有效减少误操作带来的风险和损失

具有权限是误操作的一个基本前提，当敏感数据的访问权限被严格控制时，误操作或者操作错误的可能性就会大幅度降低。

5.有效防范恶意社交软件的攻击

恶意软件一直是主要的安全危害，而社交网络的发展使恶意软件可以轻易突破具有层层防御的安全系统而进入系统内部。无论是通过恶意软件进入系统还是通过其他手段进入系统，入侵者部署恶意软件是其价值最大化的主要手段。防范恶意软件攻击的最佳手段就是敏感数据访问主体的双因子或者多因子验证。即使恶意软件突破防护系统，部署在内部终端或者服务器上的数据安全防护设备依然使得恶意软件无法获得对敏感数据的访问能力。

（三）敏感数据的强制访问控制实现方法

1.定义敏感数据和敏感数据集合

数据只有被标记为"敏感"以区别于其他一般数据后，才可能进行敏感数据管理。为了方便管理，可以对敏感数据进行归类，形成敏感数据集合。

2.引入敏感数据安全管理员

为了实现强制访问控制，需要引入敏感数据安全管理员的角色。敏感数据安全管理员主要执行的操作有：定义敏感数据和敏感数据的各种属性；授予和收回对敏感数据的访问能力。

敏感数据安全管理员不具有任意的数据库访问能力，否则会造成自我授权，使敏感数据安全管理员最终变成敏感数据管理的超级用户。

3.围绕敏感数据建立独立于数据库的访问控制系统

为敏感数据建立独立的访问控制系统的最佳实现方式是在数据库自主访问控制验证之后，再进入敏感数据的强制访问控制系统。

第六章　大数据处理安全

第一节　数据脱敏

不同的数据，其敏感属性不尽相同。不同的个体，隐私保护需求的程度也有所区别。数据脱敏是指对某些敏感信息通过脱敏规则进行数据的变形，实现敏感隐私数据的可靠保护。

一、数据属性

（一）隐私的概念

在维基百科中，隐私的定义是个人或者团体将自己或者自己的属性隐藏起来的能力，从而可以选择性地表达自己。换句话说，隐私是可确认特定个人或者团体的身份或特征，但是个人或者团体不希望被泄露的敏感信息。具体到应用中，隐私即用户不愿公开的敏感信息，包括用户的基本信息以及用户的敏感数据，例如，收入数据、病患数据、个人轨迹数据、个人消费数据、公司财务信息等敏感数据都属于隐私。

针对不同的数据以及数据拥有者，隐私的定义会存在差异。主要原因是其与人们对隐私的认知与历史条件、个体受教育程度、社会文化背景等因素密切相关，即便针对相同的信息，不同的群体或者个体对隐私的定义也可能不同。例如，有的病人认为自己的病症信息属于个人隐私，但是对于某些人而言却不将其视为隐私或者视为非敏感隐私；有些用户的数据对于现在来说可能是隐私，但几年后可能就不再是隐私。因此，隐私根据不同类型可以划分为五大类：

1.财务隐私

与银行和金融机构相关的隐私。

2.互联网隐私

使某用户在互联网上暴露该用户自己的信息以及谁能访问这些信息的能力。

3.医疗隐私

对病患疾病信息或者治疗信息的保护。

4.政治隐私

用户在投票或者投票表决时的保密权。

5.信息隐私

数据和信息的保护。

针对个性化隐私，根据数据相关者不愿公开显示出来的敏感信息的个性化需求，应采用不同的隐私保护技术对数据进行保护，防止相关者的隐私信息泄露。

（二）数据的属性

待处理或者待匿名的数据叫作原始数据表。在由 n 条记录组成的数据表中，每一条记录（即一个元组）一般会包含多个属性，可以根据这些属性功能将其分为标识符属性、准标识符属性、敏感属性、非敏感属性。

1.标识符属性

可以根据其属性的值标识和确定某个个体的属性值，如学号、姓名、居民身份证等。在隐私处理过程中通常是采用抑制的技术方法直接删除标识符属性，以保护待发布数据集中存在的个人隐私信息。

2.准标识符属性

可以通过链接其他数据表识别个体的属性或属性集合，如性别属性、邮编属性、年龄属性等。因此，该属性是由可以链接当前数据表的外表决定的，如果外表不同，即便是同一个数据集，也需要定义不同的属性或者组合作为准标识符属性。

3.敏感属性

含有个体隐私信息的属性。比如健康状况、工作情况、收入情况、婚姻情况等。由于隐私是根据个体隐私需求定义的，因此敏感属性的确定也取决于不同的个体。

4.非敏感属性

不包含个体信息的属性，公开发布不会对个体有影响，又称为普通属性。

例如表6-1所示的某医院的病历原始数据表，表中Name（姓名）对应的是标识符属性，对原始数据表操作时应采用抑制技术删除其属性；Sex（性别）、Age（年龄）、Zipcode（邮政编码）是准标识符属性，对表操作时应该进行匿名化操作；Disease（疾病）是敏感属性。

表6-1　病历原始数据表

ID	Name	Sex	Age	Zipcode	Disease
1	Fred	Male	22	12001	Pneumonia
2	Cindy	Male	28	12233	Pneumonia
3	Ken	Male	33	12244	Pneumonia
4	Bob	Female	50	14248	Flu
5	Job	Female	42	14206	HIV
6	Dana	Male	69	14399	Headache
7	Mary	Male	46	14305	Flu

二、数据匿名化

匿名化技术是指在数据发布阶段，通过一定的技术，将数据拥有者的个人信息及敏感属性的明确标识符删除或修改，从而无法通过数据确定到具体的个人。

（一）匿名化模型

基于数据匿名化的隐私保护技术在隐私保护中占据着重要的地位。为了对抗各种隐私攻击，专家学者们提出了一系列匿名保护模型。在众多的模型中，K—匿名模型、L—多样性模型及T—近似模型是经典的3种隐私保护模型，许多模型都是以它们为原型进行优化及改进而产生的。

1.K—匿名（K-anonymity）模型

K—匿名模型是指对数据进行泛化处理，主要是为了解决数据发布过程中存在链接攻击造成隐私泄露的问题，其基本思想是在发布时对数据集进行匿名化。

处理后的数据表中，每条记录至少存在k-1条记录的准标识符列的属性值与其一样。这种准标识符列的属性值相同的行的集合被称为相等集，相同准标识符的所有记录称为一个等价类。

K—匿名模型要求对于任意一行记录，其所属的相等集内记录数量不小于k，且至少有k-1条记录的准标识符列的属性值与该条记录相同。当攻击者在进行链接攻击时，对任意一条记录攻击会关联到等价组中的其他k-1条记录，使攻击者无法确定用户特定相关记录，从而保护了用户的隐私。

K—匿名模型实现了以下几点隐私保护：

（1）攻击者无法知道攻击对象是否在公开的数据中。

（2）攻击者无法确定给定某人是否有某项敏感属性。

（3）攻击者无法找到某条数据对应的主体。

K—匿名模型通过破坏个体与记录之间的关联关系，在一定程度上避免了个人标识泄露的风险，但由于K—匿名模型并没有对敏感属性进行约束，使得它存在同质攻击和背景知识攻击造成隐私泄露的风险。

即便等价类中敏感属性的取值相同，匿名后的数据集满足了K—匿名模型的等价类中准标识符属性值一致的约束要求，但攻击者借助相关的背景知识，可以推断出隐私信息与个体的关系，造成个体的隐私信息泄露。

K—匿名模型在实施过程中随着k值的增大，数据隐私保护增强，但数据的可用性也随之降低。

2.L—多样性（L-Diversity）模型

Machanavajjhala等人提出基于敏感属性多样性的L—多样性匿名隐私算法，要求K—匿名后每个等价类E中敏感属性对应的值至少有L个较好表现，则称数据表满足L—多样性。

例如。表6-2为满足2—多样性约束的匿名后的数据表，每个等价类中不同敏感属性值的个数至少为2，保证了匿名后数据集中敏感值的多样性，但它没有考虑到属性值之间的相关性。

表6-2 2—多样性匿名表

Classid	ID	Sex	Age	Zipcode	Disease
1	1	Male	20～35	122★★	Pneumonia
	2	Male	20～35	122★★	Respiratory
	3	Male	20～35	122★★	Pneumonia
2	4	Female	40～50	142★★	Flu
	5	Female	40～50	142★★	HIV
3	6	Male	45～70	143★★	Headache
	7	Male	45～70	143★★	Flu

例如，如果攻击者获取了Dana的性别、年龄和邮编。虽然无法获取Dana患病的具体情况，但是通过等价类中的Flu、Headache，可推测Dana的感冒情况以及一些隐私信息，如身体状况、消费情况等。

3.T—近似（T-Closeness）模型

如果等价类E中的敏感属性取值分布与整张表中该敏感属性的分布的距离不超过减值T，则称E满足T近似。如果数据表中所有等价类都满足T—近似，则称该表满足T—近似。

T—近似能够抵御偏斜型攻击和相似性攻击，通过T值的大小来平衡数据可用性与用户隐私保护程度。由于其标准要求较高，T—近似在实际应用中也存在以下不足：

（1）T—近似只是一个概念或者标准，缺乏标准的方法来实现。

（2）T—近似需要每个属性都单独泛化，加大了属性泛化的难度及执行时间。

（3）T—近似隐私化实现起来困难且以牺牲数据可用性为代价。

（4）不能抵御链接攻击。

（二）实现匿名化的方法和技术

1.泛化技术

通常将QID（准标识符）的属性用更抽象、概括的值或区间代替。泛化技术实现较为简单，可分为全局泛化和局部泛化两类。全局泛化也称为域泛化，是将QID属性值从底层开始同时向上泛化，一层一层泛化，直至满足隐私保护要求时停止泛化。局部泛化也称为值泛化，是指将QID属性值从底层向上泛化，但可以泛化到不同层次。单元泛化及多维泛化是典型的局部泛化。单元泛化只对某个属性的一部分值泛化。多维泛化可以对多个属性的值同时泛化。

泛化技术的优点是不引入错误数据，方法简单，泛化后的数据适用性强，对数据的使用不需要很强的专业知识。其缺点是预定义泛化树没有统一标准，信息损失大，对不同类型数据的信息损失度量标准不同。泛化技术使用注意事项如下：

（1）连续数据发布不适合泛化技术。

（2）泛化过程是一个耗时过程，计算并找到合适泛化结果须以时间为代价。

（3）筛选及确认合适的泛化子集是工作难点，但也是工作重心。

（4）过度泛化会导致数据损失。

（5）要科学合理地使用全局和局部泛化。

2.抑制技术

抑制又称为隐藏，即抑制（隐藏）某些数据。具体的实现方法是将QID属性值从数据集中直接删除或者用诸如"*"等不确定的值来代替原来的属性值。采取这样的方式可以直接减少需要进行泛化的数据，从而降低泛化所带来的数据损失，保证相关统计特性达到相对比较好的匿名效果，保证数据在发布前后的一致性、真实性。抑制可分为3种方式：记录抑制、值抑制及单元抑制。其中，记录抑制是指将数据表中的某条记录进行抑制处理；值抑制是指将数据表中某个属性的值进行抑制处理；而单元抑制是指将表中某个属性的部分值进行抑制处理。

抑制技术的优点表现为在泛化前使用可减少信息损失，缺点是不适合复杂场景，发布数据量太少，会降低数据的真实性和可用性。抑制技术使用注意事项如下：

（1）抑制的数据太多时，数据的可用性将大大降低。

（2）抑制是一种精粒度的泛化，泛化与抑制技术配合使用是达到较好匿名效果的一项重要举措。

3.聚类技术

聚类是一种通过一定的规则将相似的对象划分到同一个簇中的技术方法，通过不断迭代，使得同一个簇内相似，不同簇的对象相异。

基于聚类的匿名是将原始数据划分成至少包含k条记录的簇，再对每个簇进行泛化和抑制操作，生成等价类。

基于逆聚类的方式，是将敏感属性值相异的值划分到一个簇，然后再对每个簇进行泛化和抑制操作。

4.分解技术

分解是在不修改准标识符属性和敏感属性值的基础上，采用有损连接的方法来弱化两者之间的关联。具体做法是：先根据敏感属性值对原始数据表进行拆分，将准标识符（QID）与敏感属性（SV）分别拆分到不同的子表中，同时给两张子表分别增加一个公共属性"组标识符"（GrounlD），并用GrounlD值来标识属于同一组内记录的两个子表中的数据，以实现拆分后子表的有损连接。

5.数据交换技术

数据交换是按照某种规则对数据表中的某些数据项进行交换，首先将原始数据集划分为不同的组，然后交换组内的敏感属性值，使得准标识符与敏感属性之间失去联系，以此来保护隐私。

6.扰乱技术

扰乱是指在数据发布前通过加入噪声、引入随机因子及对私有向量进行线性变换等手段对敏感数据进行扰乱，以实现对原始数据改头换面的目标。这种处理方法可以快速地完成，但其安全性较差，且以降低数据的精确性为代价，从而影响数据分析结果，一般这种处理手段仅能得到近似的计算结果。

三、数据脱敏技术

数据脱敏（Data Masking），又称为数据漂白、数据去隐私化或数据变形，是指在保留数据初始特征的条件下，通过脱敏规则对敏感数据进行数据的变形，避免未经授权的用户非法获取，实现敏感数据在分享和使用过程中的安全保护。数据脱敏可以在保存数据原始特征的同时改变其真实值，在保留数据有效性的同时保持数据的安全性，实现敏感隐私数据的可靠保护，避免敏感数据泄露的风险。

（一）数据脱敏规则

（1）数据脱敏算法通常应当是不可逆的，必须防止使用非敏感数据推断、重建敏感原始数据。但在一些特定场合，也存在可恢复式数据脱敏需求。

（2）脱敏后的数据应具有原数据的大部分特征，因为它们仍将用于开发或测试场合。带有数值分布范围、具有指定格式（如信用卡号前四位指代银行名称）的数据，在脱敏后应与原始信息相似；姓名和地址等字段应符合基本的语言认知，而不是无意义的字符串。在要求较高的情形下，还要求具有与原始数据一致的频率分布、字段唯一性等。

（3）数据的引用完整性应予保留，如果被脱敏的字段是数据表主键，那么相关的引用记录必须同步更改。

（4）对所有可能生成敏感数据的非敏感字段同样进行脱敏处理。例如，在学生成绩单中为隐藏姓名与成绩的对应关系，将"姓名"作为敏感字段进行变换。但是，如果能够凭借某"籍贯"的唯一性推导出"姓名"，则需要将"籍贯"一并变换。

（5）脱敏过程应是自动化、可重复的。因为数据处于不停的变化中，期望对所需数据进行一劳永逸式的脱敏并不现实。生产环境中数据的生成速度极快，脱敏过程必须能够在规则的引导下自动化进行，才能达到可用性要求；另一种意义上的可重复性，是指脱敏结果的稳定性。在某些场景下，须对同一字段脱敏的每轮计算结果都相同或者都不同，以满足数据使用方可测性、模型正确性、安全性等指标的要求。

（二）静态数据脱敏

静态数据脱敏的主要目标是实现对完整数据集的大批量数据进行一次性整体脱敏处理，一般会按照制定好的数据脱敏规则，使用类似ETL技术的处理方式，对数据集进行统一的变形转换处理。在根据脱敏规则降低数据敏感程度的同时，静态脱敏能够尽可能减少对数据集原本的内在数据关联性、统计特征等可挖掘信息的破坏，保留更多有价值的信息。

静态数据脱敏通常在需要使用生产环境中的敏感数据进行开发、测试或者外发的场景中使用。

（三）动态数据脱敏

动态数据脱敏的主要目标是对外部申请访问的敏感数据进行实时脱敏处理，并及时返回处理后的结果，一般通过类似网络代理的中间件技术，按照脱敏规则对外部的访问申请和返回结果进行即时变形转换处理。在根据脱敏规则降低数据敏感程度的同时，动态脱敏能够最大限度降低数据需求方获取脱敏数据的延迟，通过适当的脱敏规则设计和实现。即使是实时产生的数据也能够通过请求访问返回脱敏后的数据。

动态数据脱敏通常会在敏感数据需要对外部提供访问查询服务的场景中使用。

第二节　大数据分析安全

在大数据分析过程中，应采取适当的安全控制措施，防止发生个人信息泄露等安全风险。

一、个人信息防护

随着大数据的快速发展，个人在使用网络服务过程中将个人信息全面数据化，使之成为价值巨大的重要战略资源。大数据企业在用户享受服务的过程中，搜集并存储的大量个人信息具有集中、全面以及高价值等特点，但数据量巨大与信息保护能力弱之间的矛盾使得大数据企业正成为信息泄露的主体。这不仅危及广大公民的信息安全，还会对社会稳定和国家安全造成极大的负面影响。解决大数据企业个人信息泄露问题，以及针对个人信息泄露事件快速反应以降低危害，已引起管理者的高度关注。

（一）个人信息的内容类型

明确个人信息的内容类型及其边界是防止其泄露的前提和基础。个人信息包括与个人相关的、能够直接识别个人的数据，如个人姓名、身份证号码、DNA和指纹等直接识别个人身份的信息；还包括能够间接识别身份的其他信息，如家庭成员信息、社会交往信息、教育经历信息、工作经历信息、身体健康状态以及财税收支信息等。

按照信息的产生过程和稳定程度，个人信息可以分为静态信息和动态信息。如身份证号码和DNA等长时间甚至终生不变的信息，称为静态信息。而社会交往、财税收支等信息会随着时间的推移不断地发生变化，则称之为动态信息。从信息的内容属性来看，个人信息可以分为属人的个人信息和属事的个人信息。随着信息技术的不断渗透和公众在信息社会中参与度的不断提升，信息的属性边界正在变得更加模糊，绝大多数反映主体自然属性和自然关系的信息的社会属性则在不断地增强。

（二）个人信息泄露的主要途径

大数据环境下个人信息泄露的主要途径包括：

1.个人信息被网络服务平台自动收集

大数据在服务业、电子商务业及金融信息业等领域的应用可以帮助商家分析消费者的需求，便于其提供更加精准的广告推介，从而开展商业服务。但部分服务平台的运营者或者管理者会通过倒卖个人信息从中牟利，造成用户的个人信息泄露。

2.个人信息被第三方实体进行网络非法抓取

在大数据时代，人们经常在各种社交媒体上发布自己的动态和信息，并且很多人并未意识到个人信息存在泄露的风险，在发布或分享信息的同时会不经意地暴露自身的敏感信息。第三方实体通过大范围的网络抓取并施以数据挖掘技术，可以掌握用户的个人信息，构建用户的画像，并针对目标用户实施进一步的信息挖掘。

3.个人信息被移动位置应用程序采集和泄露

目前，各类在线社交网络软件在人们的生活中占据了不可或缺的位置。人们通过社交网络活动产生的绝大部分数据与位置信息相关，随着定位技术的高速发展，专注位置服务的各类地图应用程序、具备定位功能的各种应用软件日益成为手机客户端必不可少的组件。这些应用程序通过获取终端用户的位置信息，将虚拟网络与现实物理世界连接起来，依靠地理信息系统的支持，为用户提供相对应的增值服务。此外，一些网络社交应用还可以分享用户的当前位置并搜寻路线，推荐给周边位置的朋友，导致用户的日常行踪外泄。

4.信息系统本身存在漏洞或受到恶意攻击等导致个人信息泄露

随着物联网和人工智能等技术的不断发展和应用，互联网和智能设备成为人们日常生活中必不可少的工具。这些技术设备在网络安全、数据安全、密码安全、应用安全、终端安全、位置安全和云存储安全等方面的不足和缺陷会增加个人信息泄露的风险。

除了以上信息泄露的途径外，电子设备报废和网络媒体过度报道等引发的信息泄露安全事件也时有发生。随着信息技术和设备的升级发展，以及用户行为模式的变化，个人信息被收集和泄露的方式还会不断地更新变化。虽然相应的安全措施也会不断出现，但新的破解方法也会随之而来。因此，个人信息难免会处于被恶意收集的风险中。只有提高自身的防范意识，加强大数据平台的管理，才能尽量避免重要的信息被他人恶意获取，才能保证个人信息的安全。

（三）个人信息防护原则

个人信息控制者在开展个人信息处理活动时，应遵循以下基本原则：

1.权责一致原则

个人信息控制者对个人信息主体的合法权益造成的损害承担责任。

2.目的明确原则

个人信息处理活动应具有合法、正当、必要、明确的个人信息处理目的。

3.选择同意原则

应向个人信息主体明示个人信息处理的目的、方式、范围、规则等，并征求其授权同意。

4.最少够用原则

除与个人信息主体另有约定外，只处理满足个人信息主体授权同意的目的所需要的最少个人信息类型和数量。目的达成后，应及时根据约定删除个人信息。

5.公开透明原则

应以明确、易懂和合理的方式公开处理个人信息，并接受外部监督。

6.确保安全原则

具备与所面临的安全风险相匹配的安全能力，并采取足够的管理措施和技术手段，保护个人信息的保密性、完整性、可用性。

7.主体参与原则

向个人信息主体提供能够访问、更正、删除其个人信息，以及撤回同意、注销账户等的方法。

二、敏感数据识别方法

敏感数据流转的途径比较多，贯穿了整个数据生命周期，涵盖了数据产生、分析、统计、转移、失效等多个环节。敏感数据泄露最易发生在数据向低控制环境流动的过程中。因此，在整个数据生命周期中，识别敏感数据，以便对敏感数据进行模糊化处理成为重中之重。

（一）基础识别方法

1.关键字匹配方法

关键字匹配是识别敏感数据最基础的方法之一。关键字匹配分为多种模式。如：各种字符集编码数据的关键字匹配；单个或多个关键字匹配；带"*"和"?"通配符的关键字匹配；不区分大小写匹配；邻近关键字匹配，通过定义某一跨度范围内的关键字对等，达到减少误报；关键字词典匹配，通过对词典中的各个关键字赋予不同的权重值，将各个关键字匹配次数乘以权重值的总和与数值进行比较，作为是否触发策略的依据。

2.正则表达式

敏感数据往往具有一些特征，表现为一些特定字符及这些特定字符的组合。这可以用正则表达式来标识与识别。

正则表达式描述了一种字符串匹配的模式，可以用来检查一个字符串是否包含某种子串，将匹配的子串替换或者从某个字符串中取出符合某个条件的子串等。

3.数据标识符

数据标识符具有特定用处、特定格式、特定校验方式。基于国家和行业对一些敏感数据（如身份证号码、银行卡号码）所提供的标准检验机制，可以识别和判断敏感数据的真实性和可用性。

4.自定义脚本

对于满足不了数据标识符的匹配能力的敏感数据，用户可以基于敏感数据的特点，按照自定义脚本的模板自行设置校验规则，比如保险单号等。

（二）指纹识别技术

1.结构化数据指纹

结构化数据指纹算法将待检测的数据与数据库中的结构化数据源进行精确匹配，判断其是否通过全部拷贝、部分拷贝或乱序拷贝将敏感信息从数据源泄露出去，从而给组织造成严重的经济损失。

算法原理：

（1）给定任意结构化数据源T，其中T包含C列字段、R行记录。每列的数据类型具有普遍代表性，可能是数字、日期，也可能是文字，但不存在二进制的数据类型。

（2）对给定结构化数据源T中指定列下的各行数据生成指纹特征库，并以此指纹特征库来判断待检测文件D中是否存在与T中特定列相匹配的数据。

2.非结构化数据指纹

大部分敏感数据存储于非结构化文档中，如项目设计文档、源代码、工程图纸、宏观经济报告等。这些敏感信息都是组织的重要资产信息，需要防止这些文档通过全部拷贝、部分拷贝或乱序拷贝被泄露出去，给组织造成严重的经济损失。

算法原理：非结构化数据指纹是通过某种选取策略，对文本块进行哈希（hash）生成的，而特定的指纹序列可以用来表示文档的内容特征。进行匹配时，通过将从待匹配数据中提取出的指纹特征与指纹库中的指纹进行比较，计算出文档之间的相似度，从而识别出是否有敏感文档被泄露。

3.图像指纹

图像指纹匹配是先提取待检测图像的轮廓特征，再将其与存储的样本图像特征进行相似度匹配，并判断其是否源自样本图像库的方法。

图像指纹匹配的过程分为两部分。一是利用图像处理技术提取图像的轮廓特征，并对特征进行矢量化编码；二是使用相似度匹配技术对特征库进行查询匹配。即使图像被缩放、部分裁剪、添加水印、改变明亮度，也能够很好地匹配。

4.二进制数据指纹

针对可执行文件、动态库文件等不能提取其内容的数据，通过hash函数（如MD5）生成摘要，即"二进制数字指纹"。

针对一组恶意可执行文件、动态库文件等，计算出二进制数字指纹，形成二进制数字指纹库。当发现有可疑的可执行文件、动态库文件等时，计算出其二进制数字指纹，与已有的二进制数字指纹库进行比对，判断是否为恶意可执行文件、动态库文件等。

（三）智能识别技术

智能识别技术是最近发展的一类技术，主要包括机器学习、深度语义分析、关键字自动抽取、文档自动摘要等。

1.机器学习

机器学习是从数据中学习并从中改进的算法，无须人工干预。

机器学习的任务可能包括将输入映射到输出。在未标记的数据中学习隐藏的结构，或者"基于实例的学习"，其中通过将新实例与来自存储器中的训练数据的实例进行比较，为新实例生成类标签。

2.深度语义分析

深度语义分析技术是通过自然语言处理，结合语义分析模型进行语义分析的技术。

自然语言处理是语义分析的基础，主要包括分词、词性标注、关键短语提取、文本自动摘要等一系列方法，结合词向量分析、主题模型、深度神经网络以及文本分类等技术来实现深度语义分析。

3.关键词自动抽取

关键词是表达文档主题意义的最小单位。关键词自动抽取技术是一种识别有意义且具有代表性片段或词汇（即关键词）的自动化技术。

关键词自动抽取在文本挖掘领域被称为关键词抽取，在信息检索领域则被称为自动标引。随着研究的不断深入，越来越多的方法应用到关键词自动抽取之中，如概率统计、机器学习、语义分析等。

4.文档自动摘要

文档自动摘要是利用计算机，按照某类应用自动地将文本或文本集合转换成简短摘要的一种信息压缩技术。文档自动摘要方法包括以下三种：

（1）抽取式摘要：直接从原文中抽取已有的句子组成摘要。

（2）压缩式摘要：抽取并简化原文中的重要句子构成摘要。

（3）理解式摘要：改写或重新组织原文内容形成最终文摘。

三、数据挖掘的输出隐私保护技术

在隐私数据的整个生命周期过程中，主要涉及数据收集、数据转换、数据挖掘分析和模式评估四个阶段。

数据挖掘技术主要关注两个方面：一是如何对原始数据集进行加密和匿名化操作，实现对敏感数据的保护；二是限制对敏感知识的挖掘。数据挖掘的隐私保护技术主要包括输入隐私和输出隐私。

大数据的种种特性给数据挖掘中的隐私保护提出了不少难题和挑战，对于大规模数据集而言，还没有有效并且可扩展的隐私保护技术。数据挖掘的输出隐私保护技术主要涉及关联规则、查询审计、分类和聚类四个方面。

（一）关联规则的隐私保护

关联规则的隐私保护主要有变换和隐藏两类方法。

变换方法主要是修改支持敏感规则的数据，并通过对规则的支持度和置信度小于一定阈值来隐藏规则。隐藏方法不会修改支持敏感规则的数据，而是隐藏会生成敏感规则的频繁项目集。

这两类方法都对非敏感规则的挖掘具有一定的负面影响。采用变换方法进行关联规则挖掘是一个NP难问题，它们转换与敏感规则有关的支持数据来降低支持度和置信度。隐藏方法的特点是不对数据进行修改，而是将敏感规则的相关数据进行隐藏（标记为未知，常用问号替代），保持了数据的真实性。如果规则的支持度和置信度大于最小阈值，则关联规则是敏感的。

（二）数据查询审计技术

在云存储环境中，用户将失去对存储在云服务器上的数据的控制。如果云服务提供商不受信任，则它可能会篡改并丢弃数据，但会向用户声明数据是完整的。数据查询常采用云存储审计技术，即数据所有者或第三方组织对云中的数据完整性进行审核，从而确保数据不会被云服务提供商篡改和丢弃，并且在审核期间不会泄露用户的隐私。

（三）分类结果的隐私保护

分类方法会降低敏感信息的分类准确性，并且通常不会影响其他应用程序的性能。分类结果可以帮助发现数据集中的隐私敏感信息，因此敏感的分类结果信息需要受到保护。

决策树分类是建立分类系统的重要数据挖掘方法。在保护隐私的数据挖掘中，挑战是从被扰动的数据中开发出决策树，该决策树提供了一种非常接近原始分布的新颖重构过程。

（四）聚类结果的隐私保护

与分类结果的隐私保护类似，保护聚类的隐私敏感结果也是隐私保护的常用方法之一。对发布的数据采用平移、翻转等几何变换的方法进行变换，确保实现保护聚类结果的隐私内容。

分布式K-means聚类方法是专门面向不同站点上存有同一实体集合的不同属性的情况。按照这种聚类方法，每个站点可以学习对每个实体进行聚类，但在学习过程中并不会获知其他站点上所存属性的相关信息，从而在信息处理过程中保障了数据隐私。

第三节　大数据正当使用

基于国家相关法律法规对数据分析和利用的要求，建立数据使用过程中的责任机制、评估机制，保护国家秘密、商业秘密和个人隐私，防止数据资源被用于不正当目的。

一、合规性评估

（一）隐私政策合规

隐私政策在合规收集、使用用户个人信息等方面的作用至关重要，同时也是个人信息控制者自我保护、自我规范的重要工具，遵循"公开透明"等原则，需要用户充分知晓。国家标准《信息安全技术个人信息安全规范》（GB/T35273-2020）提供了隐私政策的模板示例。在隐私政策方面须重点关注及遵循以下5点规范：

（1）应制定隐私政策且隐私政策应单独成文。

（2）隐私政策的内容应完整、规范。

（3）隐私政策应公开透明，易于阅读。

（4）隐私政策应合理，不应存在霸王条款。

（5）隐私政策应真实，应用的真实行为应与隐私政策的实质相符合。

（二）授权与交互合规

当个人信息控制者拟收集的个人信息涉及个人敏感信息时，应通过弹窗等方式逐项征得个人信息主体的明示同意。在用户授权与交互方面须重点关注及遵循的原则有：

1.须遵循"选择同意原则"

如开始收集个人信息或打开可收集个人信息的权限前应征得用户明示

同意。

2.须遵循"主体参与原则"

如需要为用户提供查询、更正、删除个人信息以及投诉等的途径和方法等。

（三）个人信息收集合规

个人信息收集方面须重点关注及遵循的原则有：

1.合法性

须遵循"目的明确原则"，如不得以欺诈、诱骗、误导的方式收集个人信息；不得从非法渠道获取个人信息。

2.必要性

须遵循"最小必要原则"，如除法律法规的强制性要求，运营者不得收集与所提供的服务无关的个人信息。

3.非强迫性

须遵循"选择同意原则"，如不得仅以改善服务质量、提升用户体验、定向推送信息、研发新产品等为由，强制要求用户同意收集个人信息。

4.公开透明性

须遵循"公开透明原则"，如需要向用户明示收集个人信息的类型、目的、方式、范围等。

（四）个人信息传输合规

个人信息传输方面须重点关注及遵循以下3点规范：

1.机密性保护

如信息传输应采取安全控制措施。

2.完整性保护

如应保证接收信息的完整性。

3.可用性保护

如应采取有效措施保证数据传输可靠性和网络传输服务可用性。

（五）个人信息存储合规

个人信息存储方面须重点关注及遵循以下4个方面的规范：

1.存储类别

如不应存储非本机构用户鉴别信息与支付相关信息。

2.存储方式

如应根据个人信息的不同类别，采用技术手段保证信息的存储安全。

3.存储位置

如客户端软件不得存储用户鉴别信息与支付相关敏感信息。

4.存储期限

如保存期限应为实现个人信息主体授权使用的目的所必需的最短时间等。

（六）个人信息使用合规

个人信息使用的场景众多，包括个人信息的展示、访问控制、共享、转让、公开披露、委托处理，以及用户画像、个人信息的跨境传输、涉及第三方的场景等。

个人信息使用除须遵循信息收集的目的、使用范围之外，不同场景还须遵循的规范有：

（1）遵循相应的法律规范。如在个人信息的展示方面，涉及通过界面展示个人信息的，应对须展示的个人信息采取去标识化处理等措施，降低个人信息在展示环节的泄露风险。

（2）在个人信息访问控制方面，对被授权访问个人信息的人员，应建立最小授权的访问控制策略。

（3）在个人信息共享、转让、公开披露方面，需要向用户告知共享、转让、公开披露个人信息的目的、类型，事先征得用户授权的同意。

（4）在涉及第三方场景方面，不得未经用户同意，也未做匿名化处理，直接向第一方提供个人信息等。

（七）个人信息销毁合规

个人信息销毁过程应保留有关记录，存储个人信息的介质如不再使用，应采用不可恢复的方式（如消磁、焚烧、粉碎等）对介质进行销毁处理等。

（八）日志与审计合规

对于涉及个人信息的功能及客户活动，均应在日志中记录。在审计方面，应对隐私政策和相关规程以及安全措施的有效性进行审计，审计过程形成的记录应能对安全事件的处置、应急响应和事后调查提供支撑等。

二、访问控制

（一）自主访问控制

在系统中，保存有数据的实体通常称为客体（Object），它是一种信息实体，或者它们是从其他主体或客体接收信息的实体。诸如文件、存储段、I/O、数据库中的表和记录等。能访问或使用客体的活动实体称为主体（Subject），它可使信息在客体之间流动。用户是主体，系统内代表用户进行操作的进程自然也被看作主体。

当用户通过了身份鉴别的验证后，就成为系统的合法用户，取得了对系统合法的访问权限。但是，他对系统资源的访问权还要受到系统安全机制的控制，只能在系统授权范围内活动。

自主访问控制是这样的一种控制方式：对某个客体具有拥有权的主体能够将对客体的一种访问权或多种访问权自主地授予其他主体，并在随后的任何时刻将这次授权予以撤销，也就是说在自主访问控制下，用户可以按自己的意愿，有选择地与其他用户共享他的文件。

自主访问控制是保护系统资源不被非法访问的一种有效手段。但这种控制是自主的，是以保护用户的个人资源的安全为目标，并以个人的意志为转移的。虽然这种自主性满足了用户个人的安全要求，并为用户提供了很大的灵活性。但对系统安全的保护力度是相当薄弱的。当系统中存放有大量数据，而这些数据的属主是国家和整个组织时，自主访问控制不能保护系统的整体安全。

（二）强制访问控制

Bell-La-Padula安全模型（简称BLP模型）是最早的也是应用较为广泛的一

个安全模型。它是由David Bell和Leonard La Padula创立的符合军事安全策略的计算机操作模型。模型的目标是详细说明计算机的多级操作规则。这种对军事安全策略的精确描述也称为多级安全策略。

因为BLP安全模型是最著名的多级安全策略模型，所以常把多级安全的概念与BLP模型联系在一起。事实上，其他一些模型也描述了多级安全策略，每种模型都试图用不同的方法来表达多级安全策略。

BLP模型是一个形式化的模型，它使用数学语言对系统的安全性质进行描述。BLP模型也是一个状态机模型。它形式化地定义了系统、系统状态和状态间的转换规则，定义了安全概念，并制定了一组安全特性，对系统状态和状态转换规则进行约束，使得对于一个系统，如果它的初始状态是安全的，并且经过的一系列规则都是保持安全的，那么可以证明该系统是安全的。在这里所谓"安全"，指的是不产生信息的非法泄露，即不会产生信息由高安全级的实体流向低安全级的实体。

（三）基于角色的访问控制

传统的自主访问控制和强制访问控制都是将用户与访问权限直接联系在一起，或直接对用户授予访问权限，或根据用户的安全级来决定用户对客体的访问权限。在基于角色的访问控制（Role-Based Access Control，RBAC）中，引入了角色的概念，将用户与权限进行逻辑上分离。角色对应组织机构里的一个工作岗位或一个职务，系统给每一个角色分配不同的操作权限（或称操作许可），根据用户在组织机构中担任的职务为其指派相应的角色，用户通过所分配的角色获得相应的访问权限，实现对资源的访问。

这种访问控制不是基于用户身份，而是基于用户的角色身份，同一个角色身份可以授予多个不同的用户，一个用户也可以同时具有多个不同的角色身份。一个角色可以被指派具有多个不同的访问权限，一种访问权限可以指派给多个不同的角色。这样一来，用户与角色、角色与访问权限之间构成多对多的关系，通过角色，用户与权限也形成了多对多的关系，即一个用户通过一个角色成员身份或多个角色成员身份可获得多个不同的访问权限，另一方面，一个访问权限通过一个或多个角色可以被授予多个不同的用户。

角色是RBAC机制中的核心，它一方面是用户的集合，另一方面又是访问权限的集合，作为中间媒介将用户与访问权限联系起来。角色与组概念之间的主要差别是，组通常是作为用户的集合，而并非访问权限的集合。

RBAC是一种中性策略，它提供了一种描述安全策略的方法，通过对RBAC各个部件的配置，以及不同部件之间如何进行交互，可以在很大的范围内使需要的安全策略得以实现。例如通过适当的配置，RBAC可以实现传统的自主访问控制和强制访问控制策略。为适应系统需求的变化而改变其策略的能力也是RBAC的一个重要的优点。当应用系统增加新的应用或新的子系统时，RBAC可以赋予角色新的访问权限，可以为用户重新分配一个新的角色，同时也可以根据需要回收用户的角色身份或回收角色的权限。RBAC支持如下3条安全原则：

1.最小特权原则

RBAC可以使分配给角色的权限不超过该角色的用户完成其工作任务所必需的权限。用户访问某资源时，如果其操作不在用户当前活跃角色的授权范围之内，则访问将被拒绝。

2.职责分散原则

RBAC可能对互斥角色的用户进行限制，使得没有一个用户同时是互斥角色中的成员，并通过激活相互制约的角色共同完成一些敏感的任务，以减少完成任务过程中的欺诈。

3.数据抽象原则

在RBAC中不仅可以将访问权限定义为操作系统中或数据库中的读或写，也可以在应用层定义权限，如存款和贷款等抽象权限。它支持数据抽象的程度将由实施细节决定。

其中：

（1）RBAC0模型：为基本模型，描述了支持RBAC的系统的最小需求。

（2）RBAC1模型：包含RBAC0，在RBAC0的基础上增加了角色层次的概念。

（3）RBAC2模型：包含RBAC0，在RBAC0的基础上增加了约束的概念。

（4）RBAC3模型：包含RBAC1和RBAC2，有传递性，自然也包含RBAC0。

RBAC96模型提出了一个通用参考结构或框架，也为软件开发人员在未来的系统中实现基于角色的访问控制提供了一个准则。

（四）基于属性的访问控制

由于分布式技术的快速发展，数据存储的物理位置更加分散，用户访问数据的时间也不固定，增加了系统的安全风险。为了提高系统的安全性，需要考虑时间和空间等属性。基于属性的访问控制（Attribute-Based Access Control，ABAC）的核心思想是用属性来表示访问控制模型中的角色和权限等信息，在复杂的大数据环境、细粒度的访问控制要求、动态授权属性等方面，以不同角度对授权实体进行描述。

用户发起访问请求时，会附带自己的请求时间、IP地址等属性并发送给系统。系统并不关心访问者是谁，只需要知道访问者所具有的属性是否符合系统要求，从而实现准确和灵活的访问控制。

ABAC使用主体和客体的属性作为基本决策元素，并灵活地利用访问请求中携带的一组属性来确定是否授予访问权限。在ABAC中，属性描述与概括了相关实体（如主体、客体、环境）的特征，包括主体属性、资源属性、操作属性以及环境属性。

主体属性Attr（s）。主体是可对资源进行操作和访问的实体，身份、年龄、性别、地址、IP地址等都属于主体属性。

资源属性Attr（r）。资源是可被主体进行操作和访问的实体，如一个Web服务就是一种资源。主体为满足自身需求可对Web服务进行访问。Web服务的输入以及输出参数、响应时间、成本、所提供服务的可靠性以及安全性都属于资源属性。

操作属性Attr（a）。操作是主体发起对客体申请的操作权限，操作属性相较其余类型属性的数量较少，通常的取值有｛read，write，delete｝。操作属性可通过组合构成更大的操作权限，如read与write组合为rw，表示可读写行为。

环境属性Attr（e）。环境属性是对主体访问资源时的环境或上下文进行描述的一组属性，如访问日期、访问时间、系统的安全状态、网络的安全级别等。

ABAC的策略集由许多子策略集构成，每个策略的匹配信息主要由Attr（s）、Attr（r）、Attr（a）三者的组合构成，在需要上下文环境时会附加环境属性Attr（e），即

$$Policies=Attr（s）\times Attr（r）\times Attr（a）\times \{\oslash, Attr（e）\}$$

ABAC是一种逻辑性访问控制模型，通过在策略中对属性进行一系列配置，实现对主体、客体的安全授权。ABAC的主要特点如下：

1.动态性

ABAC通过改变访问请求中的属性值能够轻易改变访问决策，而无须更改定义基础规则集的主体/客体的关系。

2.细粒度

ABAC通过以大量的离散请求属性写入访问控制策略的方式，提供了一组更大的属性组合，从而反映一组更庞大、更明确的规则来表示策略，最终实现更精准的访问控制。

3.抽象层次高

ABAC是基于属性制定策略，属性的粒度大小、类型决定了授权实体的范围。因此，ABAC可以轻易实现多种模型中的权限控制。例如，将RBAC模型的角色配置为ABAC模型的角色属性，能够初步实现简单的RBAC权限控制。

第四节 大数据处理环境

我们应为组织内部的数据处理环境建立安全保护机制，提供统一的数据计算、开发平台，确保在数据处理过程中有完整的安全控制管理和技术支持。

一、基于云的大数据处理系统的架构和服务模式

传统数据库技术不能应对海量数据处理的问题。通过大量的硬件基础设施加上MapReduce等并行处理框架相互配合，虽然数据处理能力得到较大提高，然而，大量的硬件基础设施的一次性经济投入和后期的运维投入，是大部分中小型企业、组织或者个人无法承担的。云计算技术的发展和成熟使得将大数据处理迁移到云环境中成为可能。云租户可以通过按需使用的方式租赁云中的计算、存储和网络资源，从而快捷、低成本和高效地处理海量的数据，及时地挖掘数据背后的价值。

基于云的大数据服务，为云租户提供大数据相关服务，也称为大数据即服务（Big Data as a Service，BDaaS）。依据云计算中的服务层次分类，其主要包含三个方面：大数据基础设施即服务、大数据平台即服务和大数据分析即服务。

（一）大数据基础设施即服务

为了方便利用云环境中的资源优势，最直接的方式就是将基于MapReduce模型的大数据处理系统部署到云数据中心。在这种模式下，云租户利用云数据中心的基础设施资源构建一套私有的大数据处理系统，按需使用，并且可以根据系统负载弹性扩展。

云租户指定需求的虚拟机数量和类型，构建自己的Hadoop或者Spark虚拟集群，集群的使用方式与基于物理机的大数据处理系统完全一致。云租户只需要关心自己的数据集和数据处理应用，无须关心底层基础设施的构建、扩展和维护，使得企业、组织或者个人能够从繁杂的硬件设施管理中脱离出来，有利于大数据处理周期的缩短和大数据处理效率的提升。这类服务模式适合有构建独立的数据处理系统环境需求和一定的大数据处理应用开发经验的企业、组织或者个人。

（二）大数据平台即服务

大数据平台即服务允许用户能够直接访问、分析海量数据集并且能够方便地构建数据处理应用，而无须关心底层的大数据存储、管理和处理系统的运行环境。典型的例子包括谷歌的BigQuery服务，它为用户提供了接口，允许用户上传他们的超大数据集，并且使用类结构化查询语言（Structured Query Language，SQL）的语法直接对数据集进行交互式分析。在这种模式下，底层的数据查询、处理和分析引擎的运行和扩展等完全由云提供商负责。

（三）大数据分析即服务

繁杂的大数据处理分析算法可能超越许多企业或者组织的能力范畴，因此大数据分析即服务旨在帮助他们通过商业智能（Business Intelligence，BI）服务将他们的海量结构化和非结构化的数据转换为有价值的财产。表6-3展示了大数据分析即服务的典型使用案例。

表6-3　大数据分析即服务使用案例

商业智能服务	使用案例
性能问题诊断	识别系统性能问题的根源
服务质量预测	加强面向服务系统的服务质量
市场和销售分析	识别潜在的客户，提高企业利润
物品推荐	刻画用户偏好
用户行为模型	从数据中学习用户行为特征

在这种模式下，用户将直接使用数据科学家和开发者为其提供的脚本或者查询来生成数据报告或者提供可视化，他们能够直接和基于网页的数据分析服务进行交互，而无须担心底层数据存储、管理和处理细节。

二、Hadoop处理平台

Hadoop的支撑技术（MapReduce等）成熟，实现了海量数据分布式存储和批量处理。应用广泛，成为大数据处理平台的事实标准。

（一）Hadoop简介

Hadoop是由Apache开发的开源云计算平台，实现在大量计算机组成的集群中进行分布式存储和计算。Hadoop框架最核心的技术是HDFS和MapReduce。

HDFS是可部署在廉价机器上的分布式文件系统，采用主/从结构，将大文件分割后形成大小相等的块并复制3份，分别存储在不同节点上，实现了海量数据存储。MapReduce编程模型实现大数据处理，它的核心是"分而治之"。

Map任务区将输入数据源分块后，分散到不同的节点，通过用户自定义的Map函数，得到中间kev/Value集合，存储到HDFS上。Reduce任务区从硬盘上读取中间结果，把相同K值数据组织在一起，再经过用户自定义的Reduce函数处理，得到并输出结果；最终将巨量资料的处理并行运行在集群上，实现对大数据的有效处理。

（二）Hadoop组成模块

1.HDFS

HDFS是Hadoop体系中数据存储管理的基础。它是一个高度容错的系统，能检测和应对硬件故障，用于在低成本的通用硬件上运行。HDFS简化了文件的一致性模型，通过流式数据访问，提供高吞吐量应用程序数据访问功能，适合带有大型数据集的应用程序。

2.MapReduce

MapReduce是一种编程模型，用于大规模数据集的并行运算。MapReduce将应用划分为Map和Reduce两个步骤，其中Map对数据集上的独立元素进行指定的操作，生成键值对形式的中间结果。Reduce则对中间结果中相同"键"的所有"值"进行归约，以得到最终结果。MapReduce这样的功能划分，适合在由大量计算机组成的分布式并行环境里进行数据处理。MapReduce以JobTracker节点为主，分配工作并负责与用户程序通信。

3.Common

从Hadoop0.20版本开始，HadoopCore模块更名为Common。Common是Hadoop的通用工具，用来支持Hadoop的其他模块。实际上Common提供了一系列文件系统和通用I/O的文件包，这些文件包供HDFS和MapReduce共用。它主要包括系统配置工具、远程过程调用、序列化机制和抽象文件系统等。它们为在廉价的硬件上搭建云计算环境提供基本的服务，并为运行在该平台上的软件开发提供API。其他Hadoop模块都是在Common的基础上发展起来的。

4.Yarn

Yarn是Apache新引入的子模块，与MapReduce和HDFS并列，其基本设计思想是将MapReduce中的JobTracker拆分成两个独立的服务：一个全局的资源管理器ResourceManager和每个应用程序特有的ApplicationMaster。其中ResourceManager负责整个系统的资源管理和分配，ApplicationMaster负责单个应用程序的管理。

5.Hive

Hive最早由Facebook设计，基于Hadoop的一个数据仓库工具，可以将结构化的数据文件映射为一张数据库表，并提供SOL查询功能。Hive没有专门的数据存储格式，也没有为数据建立索引，用户可以自由地组织Hive中的表，只需要在创建表时告知Hive数据中的列分隔符和行分隔符，Hive就可以解析数据。Hive中所有的数据都存储在HDFS中，其本质是将SOL转换为MapReduce程序完成查询。

6.HBase

HBase是一个分布式的、面向列的开源数据库。HBase与一般的关系数据库的区别在于：（1）HBase是适合于存储非结构化数据的数据库；（2）HBase是基于列而不是基于行的模式。用户将数据存储在一个表里，一个数据行拥有一个可选择的键和任意数量的列。由于HBase表示疏松的数据，用户可以自行定义各种不同的列。HBase主要用于需要随机访问、实时读写的大数据。

7.Pig

Pig是一个对大型数据集进行分析和评估的平台。Pig最突出的优势是它的结构适合高度并行化的检验，能够处理大型数据集。Pig的底层由一个编译器组成，它在运行的时候会产生一些MapReduce程序序列。Pig的语言层由一种叫作Pig Latin的正文型语言组成。

（三）Hadoop的优点

Hadoop具有如下优点：

1.高扩展性

Hadoop的横向扩展性能很好，海量数据能横跨几百甚至上千台服务器，而用户使用时感觉只是面对一个。大量计算机并行工作，对大数据的处理能在合理时间内完成并得以应用，这是传统单机模式无法实现的。

2.高容错性

从HDFS的设计可以看出，它通过提供数据冗余的方式提供高可靠性。当某个数据块损坏或丢失，Name Node就会将对其他Data Node上的副本进行复制，保证每块都有3份。所以，在数据处理过程中，当集群中的机器出现故障时计算不会停止。

3.节约成本

首先，Hadoop本身是开源软件，完全免费；其次，它可以部署在廉价的PC上；"把计算推送给数据"的设计理念，节省了数据传输中的通信开销。而传统的关系型数据库将所有数据存储起来，成本高昂，这不利于大数据产业发展。

4.高效性

Hadoop以简单直观的方式解决了大数据处理中的存储和分析问题。数据规模越大，相较于单机处理，Hadoop的集群并行处理优势越发明显。

5.基础性

对于技术优势企业，可以根据基础的Hadoop结合应用场景进行二次开发，使其更适合工作环境。比如，Facebook从自身应用需求出发，构建了实时Hadoop系统。

（四）Hadoop的局限性

Hadoop的局限性如下：

1.不适合迭代运算

MapReduce要求每个运算结果都输出到HDFS，每次初始化都要从HDFS读入数据。在迭代运算中，每次运算的中间结果都要写入磁盘，Hadoop在执行每一次功能相同的迭代任务时都要反复操作I/O，计算代价很大。而对于常见的图计算和数据挖掘等，迭代计算又是必要的。

2.实时性差

Hadoop平台由于频繁的磁盘I/O操作，大大增加了时间延迟，不能胜任快速处理任务。

3.易用性差

Hadoop只是一个基础框架，精细程度有所欠缺，如果要实现具体业务还须进一步开发。MapReduce特定的编程模型增加了Hadoop的技术复杂性。

（五）Hadoop的应用场景

Hadoop的高扩展性、高容错性、基础性等优点，决定了其适用于庞大数据集控制、数据密集型计算和离线分析等场景。针对Hadoop的局限性，为提高Hadoop性能，各种工具应运而生，已经发展成为包括Hive、Pig、HBase、Cassandra、Yarn等在内的完整生态系统。HBase新型NoSOL数据库便于数据管理，Hive提供类似SOL的操作方式进行数据分析，Pig是用来处理大规模数据的高级脚本语言。

这些功能模块在一定程度上弥补了Hadoop的不足，降低了用户使用难度，扩展了应用场景。

三、Spark处理平台

Spark和Hadoop都是大数据框架，以其近乎实时的性能和相对灵活易用而受到欢迎，它同Hadoop一样都是Apache旗下的开源集群系统，是目前发展最快的大数据处理平台之一。

（一）Spark简介

Spark是一个开源的并行分布式计算框架，是当前大数据领域比较活跃的开源项目之一。Spark是基于MapReduce算法实现的分布式计算，可以用来构建低延时应用。Spark以RDD（Resilient Distributed Datasets，弹性分布式数据集）为基础，实现了基于内存的大数据计算。RDD是对数据的基本抽象，实现了对分布式内存的抽象使用。由于RDD能缓存到内存中，因此避免了过多的磁盘I/O操作，大大降低了时延。Tachvon是分布式内存文件系统，类似于内存中的HDFS，基于它可以实现RDD或文件在计算机集群中共享。Spark没有自己的文件系统，通过支持HadoopHDFS、HBase等进行数据存储。

（二）Spark大数据处理架构

Spark的整个生态系统分为三层，从下向上分别为：

1.底层的ClusterManager和DataManager

ClusterManager负责集群的资源管理；DataManager负责集群的数据管理。

集群的资源管理可以选择Yarn、Mesos等。Mesos是Apache下的开源分布式资源管理框架，它被称为分布式系统的内核。Mesos根据资源利用率和资源占用情况，在整个数据中心内进行任务的调度，提供类似于Yarn的功能。

集群的数据管理可以选择HDFS、AWS等。Spark支持两种分布式存储系统。亚马逊云计算服务AWS提供全球计算、存储、数据库、分析、应用程序和部署服务。

2.中间层的SparkRuntime，即Spark内核

主要功能包括任务调度、内存管理、故障恢复以及与存储系统的交互等。

Spark的一切操作都是基于RDD实现的，RDD即弹性分布式数据集，是Spark

中最核心的模块，提供了许多操作接口的数据集合。与一般数据集不同的是，其实际数据分布存储在磁盘和内存中。

3.最上层为4个专门用于处理特定场景的Spark高层模块

Spark SQL、MLib、GraphX和Spark Streaming，这4个模块基于Spark RDD进行了专门的封装和定制。

SparkSQL作为Spark大数据框架的一部分，主要用于结构化数据处理和对Spark数据执行类SQL的查询，并且与Spark生态的其他模块无缝结合。

MLib是一个分布式机器学习库，即在Spark平台上对一些常用的机器学习算法进行了分布式实现，支持多种分布式机器学习算法，如分类、回归、聚类等。

GraphX是构建于Spark上的图计算模型，利用Spark框架提供的内存缓存RDD、DAG和基于数据依赖的容错等特性，实现高效的图计算框架。

Spark Streaming是Spark系统中用于处理流数据的分布式流处理框架，扩展了Spark流式大数据处理能力。Spark Streaming将数据流以时间片为单位进行分割形成RDD，能够以相对较小的时间间隔对流数据进行处理。

（三）Spark的特点

Spark更专注于计算性能，其特点如下：

1.高速性

Spark通过内存计算减少磁盘I/O开销，极大缩小了时间延迟，能处理Hadoop无法应对的迭代运算，在进行图计算等工作时表现更好。高速数据处理能力使得Spark更能满足大数据分析中实时分析的要求。

2.灵活性

较之仅支持map函数和reduce函数的Hadoop，Spark支持map、reduce、filter、join、count等多种操作类型。Spark的交互模式使用户在进行操作时能及时获得反馈，这是Hadoop不具备的。Spark SQL能直接用标准SQL语句在Spark上进行大数据查询，简单易学。尽管在Hadoop中有Hive，可以不用Java来编写复杂的MapReduce程序，但是Hive在MapReduce上的运行速度却达不到期望程度。

（四）Spark的应用场景

与Hadoop不同，Spark高速、灵活的特点决定了它适用于迭代计算、交互式查询、实时分析等场景，比如，淘宝使用Spark来实现基于用户的图计算应用。但是，RDD的特点使其不适合异步细粒度更新状态的应用，比如，增量的Web抓取和索引。RDD的特点之一是"不可变"，即只读不可写，如果要对RDD中的数据进行更新，就要遍历整个RDD并生成一个新的RDD，频繁更新代价大。

结束语

我国的计算机技术正在飞速发展，人们的生活和工作中，处处都离不开计算机技术，信息化的使用场景随处可见，社会中的各种信息和数据也逐渐在向着信息化转变。因此，必须要做好信息安全的防护工作研究，将现代化的计算机技术合理运用到信息安全防护当中，以此来满足如今的大数据环境需求，让信息安全的防护更加坚固可靠，让国家、企业和民众的信息安全都能够获得科学的保障。这对我国的经济建设发展、各个行业的发展进步、互联网和信息技术的不断革新进步，都有着极其重要的推动作用。

参考文献

[1]王蕙.大数据时代的计算机网络安全及防范措施研究[J].网络安全技术与应用，2023（02）：163-165.

[2]袁胜虎.人工智能系统在计算机科学技术中的运用[J].信息记录材料，2022，23（08）：81-84.

[3]李海燕.大数据技术在计算机信息安全中的应用[J].无线互联科技，2022，19（13）：141-143.

[4]于丽敏，辛立新.大数据背景下计算机技术在食品企业安全管理过程中的有效运用[J].食品安全导刊，2022（18）：51-53.

[5]刘敏.大数据时代如何加强计算机网络信息安全管理[J].网络安全技术与应用，2022（05）：172-173.

[6]张传奇.大数据时代下计算机网络安全与防范探讨[J].无线互联科技，2022，19（09）：32-34.

[7]王海川.基于大数据的计算机网络信息安全管理研究[J].网络安全技术与应用，2021（09）：170-171.

[8]沈力.大数据背景下计算机技术在食品安全管理中的运用分析[J].食品安全导刊，2021（24）：184-185.

[9]张瑞锋.大数据技术在计算机信息安全中的具体运用[J].科技风，2021（21）：80-81.

[10]张倩.大数据时代计算机网络信息安全管理分析[J].电脑知识与技术，2021，17（21）：62-64.

[11]梁朝伟.大数据下计算机信息技术在食品企业安全管理中的应用[J].食品界，2021（04）：99.

[12]马萱.大数据时代计算机网络信息安全管理研究——评《计算机网络信息安全（第2版）》[J].机械设计，2021，38（03）：151.

[13]李强.大数据背景下计算机信息技术在食品安全管理中的应用[J].食品界，2021（03）：122.

[14]刘永辉，胡巧婕，赵丽.大数据环境下计算机技术在信息安全中的应用[J].电子技术与软件工程，2021（04）：254-255.

[15]金红华.基于大数据计算机网络安全与应对措施[J].吉林广播电视大学学报，2021（01）：103-105.

[16]石书红.大数据背景下计算机网络信息安全管理及防范措施[J].普洱学院学报，2020，36（06）：15-17.

[17]叶真荣.大数据背景下计算机信息技术在食品安全管理中的应用[J].食品界，2020（12）：99.

[18]董玮.大数据时代计算机信息技术在网络安全中的应用研究[J].信息与电脑（理论版），2020，32（19）：196-198.

[19]李星.大数据技术在计算机信息安全管理中的应用[J].决策探索（中），2020（08）：8-9.

[20]苏娜，史宏.基于大数据时代的计算机信息处理技术[J].计算机产品与流通，2020（09）：9.

[21]李丹.大数据时代下计算机网络信息安全问题分析[J].无线互联科技，2020，17（11）：15-16.

[22]韩哲.基于大数据的计算机安全性分析[J].计算机产品与流通，2020（03）：22.

[23]王丽芳.计算机网络的信息安全与管理研究[J].网络安全技术与应用，2019（11）：7-8.

[24]张松.大数据背景下计算机信息技术在食品企业食品安全管理中的应用[J].食品安全导刊，2019（12）：58.

[25]陈日源.大数据背景下计算机信息技术在食品企业食品安全管理中的应用[J].食品界，2019（04）：29.

[26]唐玮.大数据时代计算机网络信息安全问题探讨[J].智能计算机与应用，2019，9（01）：254-256.

[27]王会娥.大数据时代计算机信息处理技术及应用研究[J].现代工业经济和信息化，2018，8（16）：81–82.

[28]关向阳.大数据下计算机信息技术在食品企业食品安全管理中的应用[J].食品安全导刊，2018（33）：33.

[29]匡博，王颖.大数据时代的计算机网络安全及防范措施研究[J].电脑知识与技术，2018，14（17）：37–38.

[30]赵学建.大数据下计算机信息技术在高校食品安全管理体系中的应用[J].中国战略新兴产业，2018（12）：114.

[31]刘春立.大数据下计算机信息技术在食品企业食品安全管理中的应用[J].中国战略新兴产业，2017（16）：3.

[32]韦银.大数据下计算机信息技术在食品企业食品安全管理中的应用[J].食品与机械，2016，32（02）：226–228.